跨越式成长

思维转换重塑你的工作和生活

Mindshift

Break Through Obstacles to Learning and Discover Your Hidden Potential

[美] **芭芭拉·奥克利**（Barbara Oakley）著

汪幼枫 译

机械工业出版社
CHINA MACHINE PRESS

图书在版编目（CIP）数据

跨越式成长：思维转换重塑你的工作和生活 /（美）芭芭拉·奥克利（Barbara Oakley）著；汪幼枫译．—北京：机械工业出版社，2020.5（2025.1 重印）

书名原文：Mindshift: Break Through Obstacles to Learning and Discover Your Hidden Potential

ISBN 978-7-111-65202-1

I. 跨… II. ① 芭… ② 汪… III. 思维方法 IV. B804

中国版本图书馆 CIP 数据核字（2020）第 060201 号

北京市版权局著作权合同登记　图字：01-2020-0154 号。

跨越式成长：思维转换重塑你的工作和生活

出版发行：机械工业出版社（北京市西城区百万庄大街 22 号　邮政编码：100037）
责任编辑：彭　箫
责任校对：殷　虹
印　　刷：河北宝昌佳彩印刷有限公司
版　　次：2025 年 1 月第 1 版第 10 次印刷
开　　本：147mm×210mm　1/32
印　　张：11
书　　号：ISBN 978-7-111-65202-1
定　　价：59.00 元

客服电话：（010）88361066　68326294

目　录

CONTENTS

第 1 章

CHAPTER1

脱胎换骨

格雷厄姆·基尔（Graham Keir）的事业一度蒸蒸日上，简直势不可挡。他并非是在单纯地追求自己的爱好——事实上是他的爱好在驱策他的人生。至少他是这么认为的。

早在小学时，格雷厄姆就痴迷于音乐。他是一个乐观向上的孩子，四岁开始学习拉小提琴，八岁时又迅速学会了弹吉他，在才艺方面突飞猛进。高中时，亦梦亦幻的爵士乐世界在向他招手，于是，他开始废寝忘食地练习这种新颖而别出心裁的节奏。

格雷厄姆住在费城附近，而费城一度是爵士乐名人如比利·霍利迪（Billie Holiday）、约翰·考尔特莱恩（John Coltrane）、伊索尔·沃特斯（Ethel Waters）和迪西·吉莱斯皮（Dizzy Gillespie）的家园。他和家人住在紧挨着火车站的一座维多利亚式的老宅中，夜幕降临时，他会悄悄地从宽敞的庭院中溜出来，偷偷跳上“当啷”驶过的宾夕法尼亚州东南地区交通管理局的R5货运列车，奔向费城那斑驳的混凝土世界。在那里，他会跳下火车，踏进爵士乐俱乐部或爵士乐现场即兴演奏会的魔幻世界。聆听爵士乐为他注入了无限的活力。

格雷厄姆·基尔的事业会从他所热爱的音乐转向他所憎恶的数学和科学，就连他本人对此也深感震惊。但今天，这让他再满足不过了。

后来，格雷厄姆进入两所顶级音乐学院深造，分别是伊士曼音乐学院（Eastman School of Music）和茱莉亚学院（The Juilliard School），并且被《重拍》（*Downbeat*）爵士乐杂志评选为高校级别“最佳独奏者”。

这并不是说，格雷厄姆在其人生的每一个领域都是一名成功者，事实并非如此。几乎任何与音乐无关的事物都没有得到他的重视。数学令人沮丧——他在代数和几何上错误不断，也从来没有接触过微积分或统计学。他中学时代的科学课成绩很差。化学课期末考试结束后，他回到家，把所有书本都扔进壁炉里烧掉了，并为能通过考试而欣喜若狂。在SAT考试（学术能力评估测试）的前一天晚上，当其他想进入大学深造的学生彻夜难眠、紧张地复习样卷和高阶历史时，格雷厄姆却无视自己学业上的平庸，跑去听爵士乐演奏会了。

格雷厄姆知道，自己想成为一名音乐家，就是这么简单。

哪怕仅仅是“想”到数学和科学，他都会感到如坐针毡。

但是接着发生了一件事情。它不是意外，不是家人去世，也不是突然变穷了。这件事远不是那么富有戏剧性，因此也使变化来得更为深刻。

思维转换

几十年来，我一直对那些改变了职业道路的人充满了兴趣——这种壮举往往发生在富裕人群中，因为他们拥有完备的社会安全网。然而，即使拥有强大后盾，职业生涯中的重大转变也可能像从一列高速列车跳到另一列上，令人感到忧虑。还有一些人也让我很感兴趣，他们不管出于什么原因，决定去学习一些出人意料或是非常困难的东西，例如，一位研究罗曼语系的专家克服了他在数学上的能力不足；一名苦苦挣扎的游戏玩家在竞争激烈的新加坡找到了一种在学术上突飞猛进的方法；一个四肢瘫痪的人转向研究生水平的计算机科学，并成为一名在线教学助理。当今时代，变化的步伐不断加快，我开始相信，巨大的职业变化和终身学习的态度（在大学内外都是如此）构成了一种至关重要的创造之力，然而这种力量的威力往往被社会忽视了。

那些在中途改变职业或是开始学习新东西的人通常会觉得自己是一个业余的新手，永远都没有机会赶上自己的新同行。他们就像那些认为自己是“麻瓜”的巫师一样，往往并没有意识到自己的能力。

和格雷厄姆一样，我小时候也非常憎恶数学和科学，而且这两门功课都学得很差。但是和格雷厄姆不一样的是，我从未表现出任何早期的天赋和特殊的才能。我生性懒惰。我的父亲是军人，我们经常搬家，搬到郊区紧挨着农村的那一块地方。至少在那时，那种边缘地带价格是很便宜的，这意味着我们可以饲养动物，而且是大型动物。每天放学后，我都会把书扔在地上，跳上我那匹没装鞍具的马，沿着小路奔跑。既然我已经可以在午后的阳光下骑马驰骋了，那我为什么还要去操心学业或是终身职业的问题呢？

我们一家人都说英语，而我七年级时，在西班牙语课上学得非常吃力。我的父亲明察善断，他听了我的抱怨，最后说："你有没有想过，真正的问题可能不在于老师，而在于你？"

后来我们再次搬家，令人惊讶的是，父亲的判断是错误的。新中学里的语言老师激励了我，使我想知道用不同的语言去"思考"会是什么感觉。我发现我喜欢研究语言，所以开始学习法语和德语。善于激励人的老师很重要，他们不仅能让你对教材产生兴趣，而且能让你对自己感觉良好。

父亲敦促我攻读数学和科学领域的专业学位，他希望自己的孩子能在这个世界上有所成就。但我仍然坚信数学和科学不是我能玩的游戏，毕竟，我在小学、初中和高中时这些科目都不及格。我想学一门语言。当时，我无法直接获得大学助学贷款，所以我绕开大学去参军，在军队里，学习语言可以获得报酬，于是我学会了一门语言——俄语。

尽管一路走来困难重重，而且也不符合我早年的人生规划，可我现在是一名工程学教授了，稳稳地在数学和科学的世界中扎下了根。我和索尔克研究所的弗朗西斯·克里克教授特伦斯·谢诺夫斯基一起，为加利福尼亚大学圣迭戈分校 Coursera 在线课程项目教授世界上最受欢迎的在线课程——“学会如何学习”。这是一门慕课（MOOC）课程，即大型在线开放课程，第一年就有来自 200 多个国家的 100 万名学生加入。当你读到这本书的时候，学生数量已经猛增，大幅超过 200 万名。这种规模的教育服务范围和影响力是史无前例的。很显然，人们渴望学习、转变和成长。在这一生中，我所从事过的工作和职业清单绝对称得上是兼收并蓄——女服务生、清洁工、教师、作家、妻子、全职母亲、美国陆军军官、白令海俄罗斯拖网渔船上的俄语翻译，以及南极科考站的无线电操作员。我发现，或多或少是一种偶然，在我的内心里有一种比我想象中更强大的力量，想要去学习和改变。我在一个职业中学到的东西常常使我能够在人生的下一个阶段取得创造性的成功。而且，往往正是那些在上一个职业中看似无用的知识构成了下一个职业中强有力的基础。

现在，当我看到全世界数以百万计的学习者开始察觉到自己拥有学习和改变的潜力时，我意识到在此刻推出一样新事物恰逢其时。我们需要一份宣言，展示“思维转换”在建设充满活力和创造力的社会以及帮助人们充分发挥自身潜能方面的重要性。

“思维转换”是一种由学习引发的人生中的深刻变化。这就是本书的主题。我们将看到那些通过学习“改变”自己的人，以及那些拥有先前看似过时或无关知识的人，是如何使我们的世界以一种令人难以置信的充满创造性和振奋人心的方式发展的。

“思维转换”是一种由学习引发的人生中的深刻变化。这就是本书的主题。

我们将看到，每个人都能从这些榜样的事迹中得到启发，辅之以目前所掌握的关于学习和改变的科学知识，我们将知道该如何学习、成长并充分发挥自己的潜能。

发现你隐藏的潜能

人们在各自的职业道路上总是会遭遇意想不到的转折。一天早上，你在办公桌前坐下，伏案去做当天的工作。这时，你看到老板来了，身边簇拥着保安要将你扫地出门。就这样，你毫无预兆地被解雇了，就在你花了20年时间辛苦积累经验并熟悉公司的体制之后——这些体制就跟你一样，即将被抛弃。

或者你的老板可能是个混蛋。突然间，一个令人欢欣鼓舞的机会出现了，你可以逃离苦海，但前提是，你愿意学习一种全新的、具有挑战性的东西。

或者你觉得自己没有选择的余地。也许你是个听话的孩子，总是听从父母的劝告，所以你觉得自己被高薪工作束缚住了，只能用鼻子紧贴着窗户玻璃，向往着自己当初没有选择的事业。

或者你一路艰难地走来，而在职业生涯所处的位置上，你很难找到一份好工作。你不愿考虑去冒险改变职业，尤其是现在你已经有了孩子，如果你搞砸了，他们就得付出代价。

或者你的母亲可能在一次关键考试的前一天晚上去世了，而你则是在一项看似故意要尽可能淘汰所有人的制度下没有通过该考试的无数学生之一。于是，你陷入了一份低收入工作的泥淖。

或者你可能刚刚毕业，拿到了崭新的学位证书，它是你狂热追求的成果，因为你决心“追求自己的爱好”。（毕竟，你的朋友一直都是这么劝告你的。）然后，突然间，你意识到父母的话才是对的——如今你的工资微薄，工作不理想，雪上加霜的是，你还面临着改变职业的另一重障碍，那就是一大堆等着你偿还的学生债务。

或者你也许很喜欢自己的工作，可你就是觉得“缺”了点什么。

现在该怎么办？

在学习新技能和改变职业方面，不同的社会环境和不同的个人情况会带来不同的障碍，其中有些障碍是我们无法克服的，但好消息是，全世界正在步入一个新时代。在这个新时代里，那些曾经只有少数幸运儿才能获得的培训和客观判断力，正以前所未有更低的个人和经济成本向许多人敞开大门。这并不是说思维转换很容易，通常它并不容易。但是，在许多情况下，对许多人而言，壁垒已经降低了。

各种新的学习方法，同时也是思维转换的新工具，其可获得性是如此势不可挡，以至于人们的反应往往是众口一词："不，原先的职业发展和学习的系统挺好的，只有那些才是最重要的！这种新玩意儿简直是一派胡言。"但是渐渐地，通常也是悄悄地，一场思维转换革命发展起来。这种思维转换不仅包括学习新技能或改变职业，还包括改变态度、个人生活和人际关系。思维转换可以体现为一种副业，或者是一种全职工作，或者是介于两者之间的任何事物。

有确凿证据表明，我们在任何既定领域取得成功的能力绝对不是一成不变的。斯坦福大学研究人员卡罗尔·德韦克（Carol Dweek）将"成长型思维倾向"聚焦于这样一个观念：对我们的改变能力持积极态度有助于催生这种改变。[1]然而，作为成年人，我们很难看到这种态度在现实生活中的表现。在本质上，人们能对自己的兴趣、技能和职业做出什么样的改变？研究工作最新提出的实用建议是什么？新的学习方式在这些过程中扮演了怎样的角色？

在本书中，我们将关注世界各地的一些人，他们做出了不同寻常的职业改变，并克服了巨大的学习挑战。无论你打算进入或离开什么行业，或是对学习什么感兴趣，这些"第二次机会"学习者的深刻见解对你而言极具价值。我们将观察到人们做出从人文科学转向自然科学的艰难抉择，或是从高科技转向美术的过程。我们将看到，克服抑郁与创业具有共同特征。就连世界上最杰出的科学家也可能被迫按下职业重置的按钮，而资质愚钝则可能在你学习困难科目时成为一种优势。

我们将考察人们的动机，并学习他们在常令人困惑不安的重大变化中让自己保持正常运转的技巧。我们将去认识那些令人惊叹的成人学习者，看看如何成功地让一把岁数的人学会新技巧，特别是在这个数字时代里。（视频游戏可以提供帮助。）我们将了解科学界对于职业转换者和成人学习者所提供的新观点有何看法。我们将从神经科学中学习实用的观点，以便更好地了解如何才能在成年以后继续在心智上成长。我们还将认识一个新的学习人群——“超级慕课学习者”，他们利用在线学习，以各种鼓舞人心的方式塑造自己的人生。

思维转换是如此重要，以至于各国都在设计各种系统来促进其发展。因此，我们将前往这些国家中最具创新精神的国家之一——新加坡，学习能够提升我们职业生涯的新策略。从这个小小的亚洲岛国获得的见识将使我们发现一些富有创意的新方法，来解决那些经常困扰我们的关于“爱好”与“实用性”无法兼得的难题。

通过本书，我们还将环游世界，了解一位有趣的内部人士对学习的看法，也就是说，坐在世界上最受欢迎的一门专门研究学习的课程的顶端，我是怎么看的？通过摄像头面对数以百万计的学习者会是什么感觉？你会找到很多关于如何通过学习（既包括线上的，也包括线下的方式）去选择改变和成长的最佳方式的实用建议。

但是，能提供帮助的并不仅仅是高科技。一些简单的概念，如思维重塑，甚至是善于利用一种“坏”态度的某些方面，都可以极大地帮助我们克服生活设置的障碍。非传统的学习者们可以为我们提供一些不同寻常的主意，让我们绕过看似不可逾越的障碍。

本书倾向于强调从艺术到数学或技术技能领域的转变，而不是相反。这是因为人们通常认为“从艺术工作到分析工作”的转变是不可能的。而且，不管我们喜欢与否，目前的社会潮流更趋向于技术。但是，无论你对什么感兴趣，你都能在本书中汲取很多灵感：从克服抑郁症的公共汽车司机，到改行当木工的电气工程师，再到数学禀赋出众、原先在公开场合结结巴巴，后来却发现自己拥有公共演讲天赋的年轻女性。

“Break Through Obstacles to Learning and Discover Your Hidden Potential”——本书的英文副标题描绘了一幅宽广的图景，而这一图景正属于你。你将会看到，你的学习和改变能力远远超出了自己的想象。

现在，我们继续去读格雷厄姆的故事。

格雷厄姆的转变

其实，一个非常简单的事件让格雷厄姆决定改变职业。一天，他被邀请去当地一家儿科癌症中心演奏吉他。他希望自己心爱的音乐能提振孩子们的精神。这次短暂的拜访带来了第二次访问，然后是第三次。他发现自己被那些勇敢的小患者吸引了，他们的故事使他感到心碎。他为他们所深深地感动了，最终为癌症患者举办了一系列音乐会。

在这一过程中，他开始发现一些令人惊讶的事情。整天演奏音乐，并没有使他感到满足。不知何故，他开始觉得，在患者最脆弱的时候亲自去照顾他们，比为那些他可能再也见不到或再也说不上话的人表演更有意义。

突然之间，事情就发生了，而且这件事情不可思议甚至十分“可怕”：格雷厄姆决定去当一名医生。

他觉得自己像个傻瓜，因为过去没有任何东西表明他可以在数学和科学领域取得成功。那么是什么让他觉得自己现在可以做到？

和许多努力重塑自己的人一样，他决定从小处入手，获得他所需要的思考工具。于是他报名去上微积分课。

但是他并没有贸然闯入这个领域。距离开课还有好几个月，他就在苹果手机上买了一本初级微积分电子书，这样他就可以在去演出或上学的路上浏览这些概念。起初，他觉得很沮丧。有那么多他已经忘记或很难理解的基本数学概念——“你的意思是，指数也有规则？”他忍不住想，“哦，天哪，我在干什么？在属于我的音乐领域，我站在顶峰，但现在要从医学的山脚往上爬。”

然而，他很清楚，在多年的音乐练习中，他培养出了一个优点，这是一种很简单的技巧，就是坚持不懈地去攻克艰巨的任务。如果他能凭借无数个小时的练习进入茱莉亚学院，那么，他就没有理由学不会这些新知识。只要努力去做，专心致志，就能成功。

对自身长处的了解并没有消除他的疑虑，也没有改变他的学习过程充满艰难险阻的事实。大多数修习微积分课程的人都是哥伦比亚大学的预科生和工科生，他们在高中就学过微积分，只是想通过重修来提高他们科学课的平均成绩。格雷厄姆觉得自己就像是在开着卡丁车和老练的赛车手比赛。当他向教授提到自己是个音乐家时，教授完全不明白格雷厄姆为什么要上微积分课。但最后，他奋力赢得了 A– 的成绩，对于一个第一次上大学微积分课，并憎恶数学和科学的人来说，这很不错！

格雷厄姆的疑虑稍稍消退，但是他的话充分地表明了他所持续面临的困难：

> 我记得几乎每次考试前都会失眠，因为我会想，如果得不到 A，我就上不了医学院。我刚刚放弃了自己的音乐生涯，如果干这个行不通的话，我会得到什么？
>
> 到处都有东西在提醒我，我曾经放弃了什么。“超级碗”之夜，我正在为将同时在下周一举行的生物化学和有机化学测验而复习。我没有观看“超级碗”，但是心里知道，我的一个朋友在中场休息时为碧昂斯伴奏萨克斯管。我不得不停止浏览 Facebook，

因为那上面全都是我的朋友们正在做的有趣的事情，不管是旅游还是高档次的演出。我已经做出决定，我必须坚持下去。

最难应对的情况之一是善意的朋友和家人，他们试图劝阻我。他们知道我在音乐方面有多么成功，不明白为什么我要去做这些事情。其他人则建议我改弦更张，去从事些或许没这么困难的职业。这些朋友在我心中埋下了怀疑的种子，使我很难度过至暗时刻。我必须去回忆那些促使我朝着这个方向前进的特殊而清晰的时刻，以便重新确定做出改变的理由。与此同时，我并没有告诉身边大多数音乐家朋友我正在做什么。我想让事情保持模棱两可的状态，因为保持我与爵士乐界的联系并且受雇演出是很重要的。其实我是在扮演两个截然不同的人。

起初，我限制了自己的演出，因为我认为自己需要真正放松下来，开始学习。然而，到了第二学期，我开始更多地参加演出。我的平均成绩还和上学期一模一样，但是我的生活变得快乐多了，因为我已经从日常任务中解脱出来了。演出对我来说意味着社交、收入和放松，所有这些都集中在这一项活动中。

科学课程很难。刚开始学的时候，我必须克服天生对数学和科学课的反感情绪。可一旦我学进去了，学习就变得十分有趣了。事实上，我开始享受绘制有机化学图和努力思考数学问题的过程。当我在课本上看到一个特别巧妙的解题方案时，会忍不住微笑或笑出声来。

不过，我还是不习惯科学课程对细节的严格要求程度。我会告诉自己测验是不公平的，或者说，我其实已经理解了某样东西，只是没有在测验中显示出来罢了。不过，我很快就意识到，班上肯定有人把那些题目做对了，而我没有。他们肯定比我理解得更透彻。这不是老师的错，而是我自己的错。

我发现对一件事物仅仅理解一次是不够的。我必须练习，就像以前弹吉他一样。我去找教授并且在课堂上提问。在中学时，我从来没有寻求过课外的帮助，因为我不肯承认自己在学习这些科目时遇到了困难。我以为只有迟钝的孩子才会去寻求课外的帮助。不过，我意识到了，我必须抛开自尊心。我的目标是在考试中表现出色，而不是一直看起来像个天才。

我很幸运，在上这些课之前读了《与爱因斯坦月球漫步》(*Moonwalking with Einstein*)。我使用了一些记忆技巧，如“位置记忆法”(loci)、记忆宫殿，来将信息储存在记忆中。我知道有些人天生对数字和抽象概念有很好的记忆力，但我不是这种人。重要的是，尽早明确自己的局限性。一旦我知道了自己要应对什么困难，就可以采取必要的措施来克服它。

格雷厄姆决定花一年外加一个夏天的时间来完成剩下的科学课程。第一节课是他的宿敌——化学课。“信不信由你，”他说，“我最后拿到了 A，而在比较简单的中学化学考试中我只得了 C+。后来我全力以赴学习这门课，终于成为一名完全不同的学生。”

随着不断取得进步，他发现自己在有机化学、生物化学和其他难度很大的课程中都得了 A，而十年前他做梦也想不到自己会去学这些课程。格雷厄姆在最后一次期末考试的一周后参加了 MCAT（医学院入学考试）。他现在在乔治城大学医学院读三年级。我是在他修读“学会如何学习”课程后通过网络认识他的，他想进一步提高自己在医学院的学习成绩。

格雷厄姆的音乐背景对其医疗事业的各方面都大有裨益。例如，在听诊也就是通过听心跳声进行诊断时，他发现他训练有素的耳朵对音质和节律的细微差别非常敏感，因此他可以比其他人更快地发现问题。

然而，对他影响最大的还是他在音乐方面的一般背景优势。当然，医生必须扎实地掌握医学本身的科学和生理学知识，但是格雷厄姆发现，能够倾听病人的意见并感同身受，可能同样重要。在与其他音乐家合奏的过程中，格雷厄姆学会了倾听周围音乐家的演奏，而不仅是立即插入自己的音乐思想。同样地，他发现给患者说话的空间，而不是立即谈论他们的病情，有助于做出更好的诊断并建立更好的医患关系。

不仅如此，格雷厄姆还发现，作为一名音乐家所需要表现出来的特征与接触病人或进行手术时所需要“表现”出来的特征惊人地相似。他开始庆幸自己多年的音乐即兴创作实践活动能够渗入他的医学新生涯。他发现自己能够很好地应对突发或紧急情况，在这些状况下，他必须以新的方式利用他不断增强的专业技能。从音乐到医学的艰难转变也让他能够更轻松地应对不在自己舒适区的情况。

医生经常告诉医学院的学生，在医学院里，必须记住很多东西，这可能会在不经意间让人们觉得，医学是一门刻板枯燥的科学。然而，在实践中，医学远比人们想象中的样子更为变化莫测，常常要依赖于直觉和治疗的“技艺”。格雷厄姆已经开始感觉到，由于他花了大量时间演奏音乐，所以他的医学生涯对他而言将比许多医学生更易水到渠成。

但还不止这些，格雷厄姆写信告诉我：

> 在我上医学院的第一年，我仍然面临着学习上的困难。我开始学习你的Coursera课程的原因之一是，我知道自己的学习效率很低。我花的时间比大多数人多了许多，但却不一定能学得更好。你的课程帮助我认识到，必须让学习成为一个积极的过程。我会花很多个小时重读幻灯片，但其中有一半时间我是在开小差，神游天外。通过使用波莫多罗技巧[1]和频繁的自我测试，我已经看到了进步。

[1] 即“番茄工作法”。——译者注

就是这样。你的人生可能会发生巨大的变化。你可以预先设定自己的爱好，或者你主观地认为自己擅长的事情，不一定要决定你会成为什么人，或者你最终会以什么为业。值得注意的是，顺着这一思路，不只是有人想转行“进入”医学界，也有很多医生想脱离医学界进入完全不同的领域。例如，虽然获得过哈佛大学医学博士学位，但是畅销书《侏罗纪公园》的作者及电视剧《急诊室》的编剧迈克尔·克莱顿（Michael Crichton）从未曾费心去获取行医执照。中华民国的奠基人孙中山也放弃了在夏威夷的医学研究，转而投身于革命事业。

波莫多罗技巧

波莫多罗技巧是弗朗西斯科·齐里罗（Francesco Cirillo）在 20 世纪 80 年代开发的一种看似简单但功能强大的专注技巧。波莫多罗是意大利语，意为“西红柿”，而齐里罗所推荐的计时器形状通常就像西红柿。在做波莫多罗时，你只需要关掉手机或电脑上所有可能干扰你注意力的哔哔声或蜂鸣器，在计时器上设置 25 分钟，然后在这 25 分钟时间里尽你所能地集中注意力学习。完成之后（这一点同样很重要），让你的大脑放松几分钟——上一会儿网，听一首最喜欢的歌，散个步，和朋友聊天，任何能让你舒适放松的事情都可以。

这一技巧对于克服拖延症并有序地执行计划很有价值，而它也有内置的放松休息时间，这对学习来说也是必不可少的。

你可能会说："嘿，等一下。格雷厄姆显然是个很聪明的人，他只是以前从未把精力放在数学和科学上。"

但是，我们中有多少人都是像这样的？不管是什么科目、技能或者专业领域，有多少是我们从未认真尝试过的？

我们中有多少人，无论出于什么原因，在生活中偏离了轨道？我们中有多少人最终通过学习新技能和方法找到了扭转局面的办法？还有多少人看似在职业生涯上保持正轨，但却怀着对新事物的渴望？有时这种新事物与当前的职业截然不同，到了令人害怕的地步。

关键性思维转换

初学者思维的价值

有时候，学习一样新事物意味着回到初级水平，但这可能是一次激动人心的冒险！

许多平凡或非凡的人都曾通过不断学习新事物使自己人生发生了奇妙的变化。你将看到，先前在截然不同的学科领域拥有的专业知识不一定会阻碍你摆脱过去的职业。相反，它可以成为你走上目前和未来创造性职业道路的启动平台。而且，正如我们将在接下来的章节中发现的那样，关于如何选择工作领域，如何才能摆脱生物学束缚，以及如何才能持续有效地学习（哪怕岁数已经越来越大），科学可以提供很多信息。

欢迎来到思维转换的新世界。

现在你来试试!

拓展你的兴趣爱好

你是否曾经因为听取人们所谓“追随内心激情”的建议而毫无必要地束缚住了自己？你是否总是做自己天生擅长的事？或者，你是否用对你而言很困难的事情来挑战过自己？问问你的内心：如果决定拓展爱好，尝试完成一件要全力以赴的事情，你能做些什么？或者会成为一个怎样的人？当你真正挑战自我的时候，你的过去能提供什么技能和知识？

往往令人惊讶的是，捕捉你的想法并把它们写下来，可以帮助你发现自己的真实想法并帮助你采取更有效的行动。拿一张纸，或者更好的是，找一本可以用于阅读这本书的笔记本，写下标题“拓展你的兴趣爱好”，不管你的答案是几句话还是几页纸，写下你对上述问题的回答。

在这本书中会有很多类似的短小而积极的练习。你会发现，这些练习是非常棒的手段，可以帮助你在一个很深的层次上综合你的思考和学习。当你读完这本书的时候，重新阅读你的这些笔记，会让你获得宝贵的关于自我、日常学习方式及人生目标的总体认识。

第2章

CHAPTER2

学习不仅仅是做功课

当克劳迪娅开始不能排尿时，一切都不一样了。

在那个基于排尿的转折点出现之前，她的生活也并不愉快。事实上非常困难。那时候，她已经60多岁了，几乎不记得是否曾愉快地一连过上几个星期。

问题出在抑郁症，她一直患有严重的抑郁症。尽管如此，她还是以在别人面前表现“正常”为自豪。这意味着她有时会想：我必须站起来，必须从这张沙发上站起来。但这还不够，为了做到这一点，她需要大声地说出来：“我可以挪动我的腿！”

但是和耳边的那个声音做斗争则是另一回事：这又有什么关系？真是不值得。

她的抑郁症并不是由什么特别的事物引起的。尽管症状很早就出现了，但她是在18岁去上大学时才第一次被诊断出患有抑郁症的。这件事情并不奇怪，抑郁症的魔爪触及她的很多家人：她的父亲也患有严重的抑郁症，她的一些兄弟姐妹也一样。它存在于她的基因中，她还能怎么样？

克劳迪娅通常能胜任兼职工作。她为西雅图的金县公交公司开高峰时段的巴士。她也可以做饭，照顾家人，她非常爱他们。有时，她的医生会给她开某种新药，药物可能会在一段时间起作用，但结果总是一样的。在几个月内（最多是一年）药效就会消失，让她回到以前的状态——空虚茫然。

她很想退出这场你死我活的搏斗，但接着又想起来自己是个失败者，甚至都没有“资格”去搏斗。她的痛苦无处无时不在。不过，她知道自己不能自杀，因为家人对她来说太重要了，她不愿意伤害他们，而她的治疗师保罗说过，那对他们来说将是“毁灭性”的。无论如何，她在天主教传统中颇具讽刺意味的罪恶感中长大，她认识到自己的死只会留下一个别人不得不去清理的烂摊子。

克劳迪娅已经在西雅图市居住了50多年，她认为自己是这座郁郁葱葱的绿色“翡翠城”的原住民。

上班时，克劳迪娅要驾驶一辆 12 或 20 米长的铰接式巴士。开巴士很适合她，因为报酬很高，而且即使在她情绪低落的时候也能开。根据 1993 年的《家庭和医疗休假法案》，她的工作受到美国政府的保护，制度内设置了替补驾驶员。她主要开早晚通勤车，那些上班族与中午或深夜乘车的人截然不同，读书、打盹儿、表现正常、每天工作的人群不会触发她的抑郁情绪。不管怎么说，她会避开那些以麻烦和问题人群而出名的路线。

尽管如此，她仍然生活在边缘地带。大多数人并不知道在大都市中开巴士有多艰难。巴士宽大笨重。其他司机（更不用说骑自行车和步行的人了）通常不明白巴士的刹车时间比普通轿车要长得多，所以会漫不经心地闯入危险区域。每年，在每一座大城市里都有与巴士有关的死亡事故发生，巴士司机几乎总是负有责任，他们通常会在发生一次严重事故后失业。

在事故发生的那天早上，克劳迪娅关掉闹钟，穿上制服，就着前一天泡的咖啡草草吃了顿早饭，然后迎着朝阳出门了。

她在公司签了到，获准上岗，上了指定的巴士，并做了安全检查。每天，司机们走的是相同的路线，但开的是不同的巴士。这天早上，克劳迪娅要驾驶一辆 12 米长的巴士走 308 号公路。

一旦上路就很容易进入工作节奏，停车、开门、等待乘客上车、收取乘车费，巴士颤动着前进，一边观察路况一边扫视乘客，刹车进入停车区域，重复上述过程。

很快，巴士就满员了，连过道上都站满了乘客。克劳迪娅熟练地开着巴士驶向 I-5 高速公路的快车道。交通很拥挤，她的巴士随着车流前进。

事情发生时，克劳迪娅正在接近通往西雅图市中心的斯图尔特街出口。一切都发生得太快了，快到她事后几乎无法想明白先后顺序。

突然间，克劳迪娅所开巴士前面的汽车打滑停了下来。司机向高速公路紧急停车道的边缘靠过去，那是一道狭窄的路面，克劳迪娅本可以猛打方向盘，惊险地避开那辆车。只是，出于克劳迪娅永远无法弄明白的理由，那辆车停下来后，司机直接打开车门，挡住了克劳迪娅的车道，并且开始下车，就在巴士的正前方。克劳迪娅瞥了一眼后视镜，开了转向灯，向左转向，并猛踩刹车，这就像试图让一辆装着一条 20 吨重鲸鱼的购物车转向并停下来。她发现自己冲进了旁边的车道，而另一辆车刚刚在那里停下来。她一头撞上了那辆车。

很显然，克劳迪娅在减缓巴士冲力方面的迅速反应避免了车上乘客受伤。但是，当下车去查看被撞的那辆车时，她意识到将会有不幸的事发生。

在克劳迪娅的巴士后面，成百上千的司机和乘客在被迫停下的车中沸腾了。警察赶来后，克劳迪娅机械地走完了交通事故后的规定流程。按照规定，巴士司机应该执行防御性驾驶，随时准备应对任何突发事件（甚至是古怪的突发事件，比如人们在车流中央突然踩刹车并且下车），于是她因“未保持安全车距”而收到传票。

这是一个沉重的打击。克劳迪娅一直在努力控制自己的抑郁症，但她意识到，这件事会把她从自我构筑的狭窄岩脊上撞下来，让她跌入更黑暗的深渊。这一想法极为痛苦。

与此同时，她被巴士公司的一名药品检测主管带走了。尽管克劳迪娅没有服用过任何毒品（在这方面她干净得几乎一尘不染），但这起事故给她的压力太大了，以至于她无法将尿液排进药检公司实验室技术人员交给她的塑料小杯中。

在第三次尝试之后，实验室技术人员在记录中写道，克劳迪娅“拒绝提供尿液样本”。她吓坏了，请求他们再给她一次机会，实验室技术人员勉强同意了。克劳迪娅慢慢地回到卫生间的隔间里。在绝望中，她敦促自己的身体放松。

“我受够了，”她意识到，“我再也不开公交车了。我会去交通法庭处理传票的事。都结束了。”

带着这两点认识，克劳迪娅终于能够排尿了，装满了塑料杯。

于是，克劳迪娅避免了因药物检测失败而导致的法律纠纷。她信守自己的誓言，辞职了。但是辞职有一个坏处：这意味着她没有工作了。

像潮汐一样可以预测的是，严重的抑郁症状随之而来。克劳迪娅很有经验，她很了解自己，也知道接下来的几个月里会发生什么。她想到要承受那么多痛苦，甚至连可以用来分心的工作都没有了，这真是一种极大的折磨。事情就是这样，克劳迪娅遭遇了滑铁卢。

正是在这个时候，她意识到，如果想摆脱痛苦，就必须做出改变，而不是简单地换药、换工作或是换自己生活的狭小世界，她必须改造自己的头脑、身体、习惯和信仰。

克劳迪娅下定决心，孤注一掷。她告诉自己别无选择，必须把生活掌握在自己的手中，因为药物和治疗并不能支撑人生。她打算尝试自己所能尝试的一切——自助书籍、老师、教练、认知神经科学及纯粹的常识。她知道自己的做法很夸张，但她决定学会变得健康，这是她生命中最后一次绝望的努力，死而后已。她打算经历一个探索发现的过程，拿自己进行试验，并一直坚持下去，直到她能看到隧道尽头理应出现的微弱光芒。

努力振作

在辞去工作的大约一个月前，克劳迪娅遵循治疗师的指示，去了一家咖啡店。在那里，她遇到一位老朋友，正和另一位女士共用一张桌子。咖啡店里人很多，克劳迪娅询问是否可以加入她们，她们立刻同意了。这两位女士刚刚在附近上完了每天一次的爵士舞课，正处在运动后的兴奋状态中。尽管对于克劳迪娅来说，运动听上去并不比往自己的脚上钉钉子更有趣，但两位女士的风采却为她埋下了一颗种子。

事故发生后的第二天，克劳迪娅没有去上班，而是去上了一节运动课。对于一名巴士事故的天主教徒肇事者来说，这就像是一种由罪恶感引发的恰当的自我惩罚。

为了上那节课，克劳迪娅必须支付整个月 38 美元的费用。她发誓要让这笔钱花得物有所值，决心在本该上班的每一天都跑去上课。就这样，第一次去上课时，她站在教室的最后面，一瘸一拐地上跳下蹲，一边看着其他人热血沸腾地翩翩起舞。

课后，精力充沛的教练问克劳迪娅感觉如何。克劳迪娅说："我真的跳不了那么快。"教练回答说："只要尽力跟上其他同学就行了。"然后就蹦蹦跳跳地跑开了。

但是教练一直在观察。

第二节课，她们跳希米舞。克劳迪娅不知道希米舞该怎么跳——毕竟，天主教女孩是不跳希米舞的。

还是说……并非如此？

克劳迪娅走进了一个新世界。班上的学生不仅跳希米舞，而且会挺起胸膛，扭动臀部，与此同时，一个洪亮而充满活力的男声在高歌："交给我吧，宝贝！"她们会随着"绝不让任何人打击我"的节奏，把拳头挥向空中，还会踩着"这是一个阳光明媚的日子"的拍子昂首阔步地走。

没过多久，克劳迪娅就认定了，自己喜欢这样。

运动：一个强大的（但不是万能的）工具

克劳迪娅以前也试过通过运动来防止抑郁，但没有起作用。那么，先前是什么让她觉得这会起作用？为什么这次情况会有所不同？

过去神经科学家认为，你出生时就已经拥有一生中所能拥有的全部神经细胞了，随着年龄的增长，神经元会逐渐死亡。当然，现在我们知道这是完全错误的。每天都有新的神经元诞生，特别是在大脑的海马体中，那是学习和记忆的重要区域。

运动机能学研究者查尔斯·希尔曼（Charles Hillman）指

出："运动对于认知特别是执行功能具有广泛的益处，其中包括注意力、工作记忆和多任务能力的改善。"[1]

克劳迪娅的精神病医生告诉她："运动比我所能开的任何药都强。"的确，运动似乎是大脑的万能重启按钮。这在一定程度上是通过刺激 BDNF 蛋白质的产生实现的，它能促进既有及新生脑细胞的生长。这种效应非常强大，甚至可以逆转老年人大脑功能的衰退。神经科学家卡尔·科特曼（Carl Cotman）在加利福尼亚大学欧文分校进行了该领域的初步突破性研究，他将 BDNF 比作一种大脑肥料，可以"保护神经元免受伤害、促进学习并改善突触的可塑性"[2]。运动也能刺激神经递质的产生。神经递质是一种化学"信使"，负责把信号从一个细胞传递到另一个细胞，从大脑的一部分传递到另一部分。（还记得克劳迪娅很难让自己从沙发上挪开吗？）运动引起的血液流动所带来的简单改善也可能对认知能力和身体功能产生影响。

随着年龄的增长，我们会自然地失去神经元之间的连接点——突触。这有点像被腐蚀的管道在到处漏水，最终无法将水输送到需要的地方。BDNF 似乎能够减缓并逆转这种"腐蚀"作用。不仅如此，运动似乎可以提高我们形成长期记忆的能力，尽管我们还不能确定这是如何发生的。事实证明，长期记忆是学习能力的一个关键要素。因此，特别是对于正在衰老的大脑来说，运动可以发挥仙女教母挥舞魔杖时所产生的魔力。[3]

但是，我们有必要在这里进行校正说明。如果说只要运动就能让你学得更好、思维更乐观，那么奥运会级别的运动员就都应该是快乐的天才了。而且，许多人由于身患疾病而不能运动，但仍然可以很好地学习和思考。（斯蒂芬·霍金似乎就做得很好。）对于老年人来说，每周快走 75 分钟对认知产生的积极影响似乎与每周走上 225 分钟相同。[4]（随着运动水平的提高，实际的健康状况也会改善。）对此我们应该怎么做呢？

看起来，运动可以触发一连串的神经递质释放，同时伴随着一系列其他神经变化，当你试图学习新事物或以不同的方式进行思考时，这些变化会改变你的思维。运动的作用是设置好场景，用以增强思维方式上的其他变化。换言之，如果你正在执行一个运动计划，那么你就可以更有效地学习。这就意味着，如果你真的想在人生中进行一次思维转换，那么在计划中引入运动元素将是非常有价值的。

克劳迪娅知道，要摆脱抑郁症，运动是必不可少的。但她也知道，自己需要的不只是运动。

关键性思维转换

运动

对于你想在人生中做出的任何思维转换来说，运动都是一种强大的增强剂。坚持不懈，再辅之以运动，对于学习和情绪都大有裨益。

积极改变她的大脑

克劳迪娅已经接受过多次抵抗抑郁症的训练。这一次她意识到，如果她真想摆脱这种状况，就必须比以前更加努力。她所读到的关于大脑是如何工作的信息，以及她从治疗师那里听到的信息，这些零零碎碎的片段都产生了共鸣。她需要进行一次思维转换来真正重塑她的大脑。这里的悖论是，她既要做真实的自己，又要从根本上改变。为了做到这一点，她必须让思维转换成为她生活中第一重要的事。

克劳迪娅·梅多斯似乎命中注定要活在抑郁症的阴影下，但她积极重塑自己的思维，从而改变了自己的命运。

克劳迪娅的一位好朋友曾经告诉她：“我遇到过很多事情，都可能让我感到抑郁。我只是选择不去因为它们而感到抑郁。就是这样。”克劳迪娅对此的反应是：对，没错。我也想啊！

只有药物才能帮助我们摆脱抑郁——这种想法在医生和抑郁症患者中都很普遍。毕竟，给患者一粒药丸简直是太方便了。克劳迪娅自己也陷入过这个陷阱——一篇关于药物对抑郁症疗效的文章曾专门写到过她，那是在她靠药物成功遏制病情将近一年之后。但就在这篇文章发表后不久，她的思维又回到了根深蒂固的、对生活充满悲观的状态之中。

因此，为了将自己从阴暗的深渊中解救出来，克劳迪娅采取了多方位的、坚定的态度。就像改变肌肉一样，改变神经也需要付出努力——极大的努力。

她进行了一些尝试，让自己出去做一些她眼中别人会当作消遣的事情。她对自己说：你跟别人没什么不同。她的思想会试图像以前一样打击她，预测她所计划的任何事情都会有一个悲哀的结局。然而，她知道不能总是相信自己的大脑，因为大脑有时会让她做些愚蠢的事情。她开始记录自己的尝试，以便进行自我监控。在去做某件应该很有趣的事情之前，她会问自己：按照有趣的程度从 1 到 10 打分，我认为该给它几分？待事情做完之后，她会再次给它打分。她经常惊讶地看到，结局竟会如此频繁地超出预期。渐渐地，她开始明白自己适合做什么了。她会重复做对她有效的事情，不管她是否喜欢。

克劳迪娅的洞见：将乐趣作为精神之路

生活中充满了悖论。例如，要做真实的自己，但也要改变。很多事情你以为自己知道，其实并不知道。多读一些教人自助的书籍，你需要获得尽可能多的帮助。

不要总是相信你的大脑，有时它会让你去做愚蠢的事情。找到值得信赖的顾问，任何重大决定都要听听他们的意见。

有意识地选择并养成健康的习惯。一旦形成习惯，用牙线清洁牙齿就不需要意志力了。

模仿比主动行动要容易得多。因此，要寻求建议并遵循指导。适应自己的环境，在你能领路之前，要跟着前面的人走，做他们所做的事。

在前一天晚上把背包、手袋或健身包整理好，因为你在前一天晚上对运动的感觉往往比当天早上好。

尽可能多花时间在户外接触大自然。阳光对你有好处，而且你会看到美丽的事物，例如会呼吸的植物和充满自豪感的岩石。

让尽可能多的阳光照进你的居所。打开窗帘，在窗户对面放上镜子，使用反光镜和彩色玻璃，像乌鸦一样去收集有光泽的物体。

坚持上运动课。渐渐地，你的外表和精神状态都会得到改善。

用你能够买得起的可爱的小东西点缀你的周围，让你的环境更加美丽。环境很重要。

列出清单，这样做你会感觉比较好。如果你做了清单上的事情，你很可能会感觉更好。

制作并在墙上张贴励志海报、便签和你所爱的人的照片，将能让你回忆起美好时光的磁性冰箱贴和卡通图片贴在冰箱上。

你永远不知道谁会成为你的朋友，所以对任何人都要表现友好，除非你有充分的理由不这么做。记住别人的名字。

停止抱怨。

克劳迪娅继续吃药，但她深深地意识到，如果不开始采取措施重塑自己的思维方式，她的思想会慢慢回到原先的模式。重塑她的大脑必须是一个持续不断的日常过程。

因为她非常敏感，她的抑郁症触发因素之一就是看到新闻中对他人所经历痛苦的报道。所以，尽管困难重重，她还是迫使自己停止观看晚间新闻，如果一个谈话节目或音乐被新闻打断，她就停止听收音机。毕竟，新闻主要报道的是坏消息。她开始通过一位了解她的问题并且值得信赖的朋友去了解任何必要的新闻和政治事件。

她知道，自己对痛苦的感觉，不管是撞到脚趾还是听说其他人受伤，完全都是由她本人的大脑感知引起的。令人惊讶的是，她的痛苦常常源自她自己去想象的某个可怕故事，当她观看新闻事件时，就会去想象这样的故事。后来她懂得了，不能让自己被别人的痛苦所吞噬，而是要努力以理性的方式看待他人的问题，并自问能否及如何去帮助别人。

巴士事故发生 3 年后，年已 66 岁且活力四射的克劳迪娅写道：

> 辞职后，对我来说，有许多值得庆幸的事情一起发生了。开公交车的压力没有了；睡眠时间增加了，并且有更多的时间照顾自己；有机会与人深交，促进智力发展。另外，可能对我来说最重要也是最困难的是，参加每周四次的充满活力的爵士舞锻炼，听到积极的歌词和欢快的音乐。

巴士事故三年后，我为自己感到骄傲。当初我绝对想不到我现在有多好。我没有发财，没有登上高山，没有获取学位，也没有做出任何重大发现。但现在我可以按时起床了。我不再感到让人失去行动能力的抑郁；我已经有三年多没有遭遇严重的抑郁症发作了。我可以放心地说，我已经学会了在生活中控制严重的、慢性的、复发性抑郁症。

我真的相信我已经学会了将我对世界的感知方式变得不那么痛苦，形成这种视角需要不断地学习和努力，而我也正是这么做的。我知道现在并不流行强调实现目标所需付出的努力。但不幸的是，对很多人来说，努力和专注是必需的。

健康地生活已经成为我的爱好和工作。我健康地生活，不是因为我想活得更久，而是为了在活着的时候感觉更好，我不想受到伤害。那么我怎么知道我深思熟虑的行动可以改善健康？事实是我并不知道。我通过阅读了解到，面对根深蒂固的神经回路，要重塑大脑并不容易。我不知道有多少有意识的努力正在影响我的感知，我选择相信我的行为确实会改变我的体验。乐趣已经成为我的精神之路。

我认为抑郁症教会我的是，我需要倾听自己，首先照顾好自己的需求。今天我选择照顾自己。然后，我会用自己的富余力量去照顾其他人、其他生命，最后再照顾非生命体。这一学习过程是漫长而痛苦的，但它其实很简单，一切都是基于爱的优先顺序。

以前的我会很难相信下面这句话，但最近，一位好朋友告诉我，我是她认识的最积极的人。

事实上，我第一次见到克劳迪娅是在西雅图的一次为“学会如何学习”的学生举办的聚会上。在众多聚集在咖啡店里的学习者中，克劳迪娅那生机勃勃、充满干劲的愉快态度非常醒目。我们俩一见如故。

克劳迪娅的终身学习

克劳迪娅的思维方式发生了巨大的变化。许多人认为，以她的生理基础和长期以来鲜明的生活模式而言，这种变化是不可能发生的。学习才是关键，克劳迪娅指出：“自己教自己。要知道，你是可以超越自己目前状态的，要学会改变你的大脑和生活体验。”运动巩固了克劳迪娅的学习和改变能力。

然而，克劳迪娅所做出的一项重大改变我们尚未正式谈到。那是她思维转换的关键。

我们会在后面加以讨论的。

现在你来试试！

采取积极措施

克劳迪娅所面临的挑战之一是，她想摆脱抑郁症，但抑郁症又使她很不想去做摆脱抑郁症需要做的事。她先前处在一种消极预测周期中，消极地预测当抑郁症发作时事情会有多少愉悦或有多大价值，但是她通过采取积极措施走向了健康。这些措施包括自我监测，尝试新的行为，比如运动，使自己始终处在积极的自我强化周期。这使她能够获得并保持一种更健康的精神面貌。

你想实现什么样的思维转换？在思维转换中你可以如何进行自我监测？是什么想法让你停滞不前？你是否因为觉得自己“在遗传上倾向于”无法学习语言或数学而陷入困境？你是否告诉自己，你已经太老了，无法改变职业？你是否在不经意间进入了一种自我强化周期，感到保持目前的状态会更舒服，哪怕你对现状并不满意？你可以采取哪些积极步骤、进行哪些自我测试，以便进入一个新的自我强化周期，并开始把你的思维改造成你希望的样子？你可以立即开始采取哪些新的行为策略去实现你的思维转换？要让自己“离开沙发站起来”，你需要做些什么？

将这些问题的答案写在一张纸上或笔记本上，标题是“采取积极措施”。

第 3 章

CHAPTER3

改变中的文化
数据革命

想象一下现在是 1704 年，而你是一名聪明的、雄心勃勃的 13 岁印第安科曼奇族勇士，生活在日后会被称为得克萨斯州的平原上。在这个世界里，你已经要成年了，你身边的每个人都拥有自力更生的能力。这里没有飞机，没有汽车，没有马匹，什么都没有。生活在缓慢地推进，但你意识不到这一点，因为你从来都不知道事情可能会有什么不同。

但是，突然有一天，你看到一种巨大的、外表奇异的生物在用四条腿飞奔，它们看起来就像没有角的超大羚羊。更奇怪的是，还有人类骑在它上面。

你所看到的生物你今后将会称之为“tuhuya”——马。在那一瞬间，你意识到地球上有一种生物能够极大地加速你的生活及其中的一切事物。哦，狩猎！突袭！这些活动将发生怎样的变化！

你想要一匹马，超过了世上其他一切事物。

第一次劫马远征归来，骑在马上回家的感觉就像在飞一样，真是太快了。因为骑在马背上而高出来的几米使整个世界显得更为广阔。你练习在马上射箭，很快，你就可以居高临下地把箭射进野牛的胸膛，让箭穿透胸腔。你的爱马与你密切合作，它似乎凭直觉就知道该去哪里让你射出你的箭。你和朋友们开始更新自己的技术——把弓造得更短，让它们在马背上更容易操作，并且把马镫和马鞍拼在一起，为的是在瞄准时动作更稳。

凭借令人目眩的新技能，你可以很快击倒 6 头野牛。你可以用一条腿钩住马肩隆，从马的一侧滑下来，在敌人面前疾驰而过，马的身体可以保护你不受箭的攻击。

当你成为一名成年战士时，你和你的朋友们都已经是令人目眩的马术大师了，而在那个时代和文化中，马就意味着一切。事实上，科曼奇族把马文化发展到了人类历史上的最高水平，他们的马术让所有认识他们的人目瞪口呆。[1]

时代和文化一直在变，唯一不变的就是变化本身。我们正处在人类历史上的众多转折点之一。现时代的“马”就是计算机，它预示着人类文明新世界的到来。

在传统的学位体制中一路学上去的人往往没有意识到计算机有多重要，更不用说构成计算机操作基础的数学思维了。也就是说，在他们开始找工作并了解到自己所缺乏的技能之前，他们不会看到这一点。（美国和欧洲都预测将出现软件开发人员的巨大短缺。）[2]

然而，当大学毕业生意识到他们需要新技能时，他们往往很容易相信自己无法去更新技能。回到大学去另读一个学位通常是不可能的，很少有人有这个时间或金钱。然而，许多人还不知道，如今创新性的新软件和计算机已经使低成本或免费再培训成为可能。

我们得说清楚，本章的重点并不是每个人都应该成为一名计算机科学家。相反，本章的关键理念和本书的关键理念差不多，那就是，无论你认为自己是怎样的人，实际上你都要比那个形象更强大，你可以找到一种超越的方法。通常你可以通过不断更新的在线材料来重新塑造自己，甚至从而开始完成整个职业生涯的转变。

通过观察典型的转换职业者，你可以了解如何重塑自己。而且，你也可以在无意中为自己设定的界限之外发现其他可能性。

> 无论你认为自己是怎样的人，实际上你都要比那个形象更强大，你可以找到一种超越的方法。

阿里·纳克维和“这很复杂”的数学

阿里·纳克维（Ali Naqvi）从小生活在巴基斯坦，他在小学和中学的大部分时间里都是班上的佼佼者。他酷爱英国文学、历史和社会学，但还不止这些，阿里的父亲在他 7 岁时就教他打高尔夫球，他立刻就被迷住了。他的业余高尔夫球生涯非常成功，在中学时他获得了巴基斯坦国家业余锦标赛冠军，并开始代表巴基斯坦参加国际锦标赛。他梦想在 PGA 巡回赛上打职业高尔夫，这是北美主要的高尔夫系列巡回赛。

阿里·纳克维是奥美行销传播有限公司的业务合作伙伴，该公司是营销巨头奥美国际有限公司的全球媒体代理和业绩营销网。

但是在阿里的学习中有一个阴影。数学一直是他最薄弱的科目，而且他的化学和物理也好不到哪儿去。上了中学以后，阿里的数学和科学成绩降到平均水平以下。阿里试图从老师那里得到帮助，但他们唯一的回答是“做更多的练习题”和“更努力地学习”。他的父母晚上送他去补课，但阿里发现自己只是在模仿老师提供的解题方法，他其实并不真正理解基本概念。

阿里真的已经尽力了。但他最大的问题之一是，他完全看不出自己在数学上学到的知识和他在身边的“现实世界”中所看到的东西之间有任何联系。或许就是这个原因，他什么都学不进去。他越来越落后于班上的同学，他作为一名学生的自我形象也日趋分裂：他是英语、历史和社会科学的优等生，但数学和科学课只能得 C−。

当阿里上高中的时候，他遇到了很大的麻烦——他很难通过数学考试。就在这个时候，因父亲工作调动，他们一家人搬到了新加坡。在这里，阿里进入了一所采用美式课程设置的国际学校。(巴基斯坦遵循英式体系，这是殖民统治时期的遗留。)他的数学成绩开始有所提高，他的新数学老师从前是一个热爱重金属音乐的嬉皮士，利用“金属”乐队的歌曲诱导他学习数学概念(例如，合唱歌词“走出光明，进入黑夜”可以解释为平衡了方程式的两边)。但是上二年级时，他的班级换了一批新的老师，而他在初级微积分和物理课上出现的极其陡峭的学习曲线又让他回到了原先的状态。

到了这个时候，阿里基本上停止了尝试。他指出：“我并不为此感到骄傲，但我承认我属于那种天生不擅长数学的人。我安慰自己说，我富有‘创意’。最后，我数学考试没及格，物理和化学也差点儿不及格。我没能跟班上的同学们一同从高中毕业。”

阿里要花上好几年时间才能领悟教育的真谛。

来自神经科学的见解

要成为某个新事物的专家，无论是在什么领域，都意味着要利用日常练习和重复训练来构建小知识块。渐渐地，这些小知识块可以交织在一起，达到精通的程度。在学习一项身体技能，比如说，弹吉他时，这样做似乎很自然。毕竟，哪怕是有一天疏于练习都会导致第二天手指僵硬。

一个不太明显的事实是，同样的练习和重复也适用于数学和科学的学习。在这些更涉及大脑的“锻炼”中，你也需要练习和重复训练一些小的思维组块。例如，在第一次完成一项困难的家庭作业或例题后，你可以从头开始再做一遍，中途不要去看答案寻找线索。第二天，你再一次重复这一“从头开始”的练习，也许需要重复多次。如果这道题目很困难，你可以反复练上几天。你会惊讶地发现，经过一周的练习，第一天看上去完全不可能做出来的题目现在看起来非常容易。针对比较困难的学习材料进行“刻意练习”能让你更快地掌握专业技能。[3]

当然，你不能对每一道题目都使用这种方法，但是如果你选择一些关键的题目，牢牢记住，就像学习和弦一样通过反复练习达到熟能生巧的境界，这些题目就可以成为你学习其他材料的基础和构架。单纯地做许多简单的题目，而不是系统地退一步去理解、练习和重复最困难的题目，就好像通过弹想象中的吉他来学习如何演奏真正的吉他。

为什么会这样？在纽约州的纽约大学朗格尼医学中心，生物化学家杨光（Guang Yang）的光学显微镜图像为我们提供了线索。当我们学习某样东西，然后进入睡眠状态时，新的突触（帮助我们理解和掌握新科目的重要神经连接）就开始形成。[4]图中的小三角指向那些一夜间形成的连接。

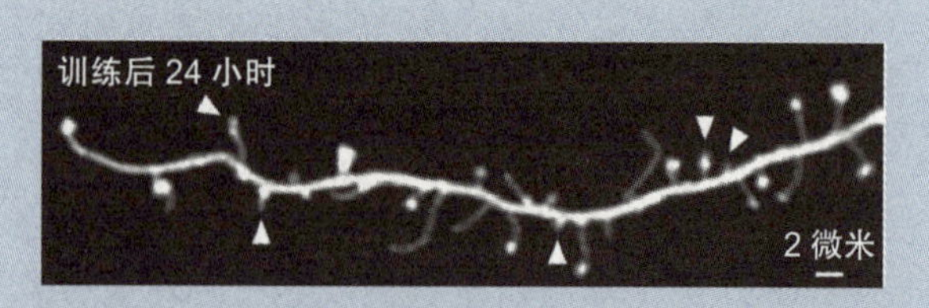

先把注意力集中在学习上，然后进入睡眠，这是一种神奇的组合，能让新的突触连接（在这里用小三角标识出来）形成。这些新的突触连接是支撑你学习新事物能力的生理结构。

然而，一个晚上的睡眠能形成的连接数量有限。这就是为什么我们必须把学习间隔着安排到每一天去进行。额外的练习能够形成更多以及更强大的神经通路。

STEM（科学、技术、工程和数学）领域的高级从业人员知道，要理解新的、困难的概念不仅仅要求产生瞬间的领悟。[5] 由新的突触连接产生的顿悟时刻，如果在最初的连接形成后未能及时加以重复巩固，就会随着连接萎缩而逐渐消失。

关键性思维转换

刻意练习学习小组块

花几天时间练习和重复小的学习组块。这将创造出神经模式，为你逐渐增长的专业知识奠定基础。小组块的学习难度越大，学得越深入，你的专业知识就增长得越快。

高尔夫：阿里重要的业余梦想

直到今天，阿里都不记得他是怎么做到的，总之，他设法通过了考试，其中包括数学考试，从而得以修读新加坡的某个一年级媒介和传播学研究课程。这门课程是通往澳大利亚墨尔本莫纳什大学的桥梁，在那里，他花了两年半时间以优异的成绩毕业。

与此同时，阿里并没有放弃高尔夫。在澳大利亚期间，阿里有机会在墨尔本高尔夫学院接受来自澳大利亚王牌高尔夫教练的培训，这位教练曾培养出几位世界上最好的球员。教练需要人来帮助他建立在线业务，于是阿里获得了一份网络内容管理员的工作。

额外的待遇使这份工作变成了一个理想职业。由于阿里的办公室就在高尔夫练习场附近，所以他可以在工作前后和午休时间练习高尔夫。周末，他会参加比赛。不久，他就成了该俱乐部的顶级球员之一，甚至参加了州锦标赛。

但是，要在高尔夫运动中达到最高水平，你需要持续不懈地练习。你不能像阿里那样额外做一份全职工作。因此，很不幸，以高尔夫为职业生涯的努力未能成功。然而，阿里将发现，他的高尔夫知识能发挥奇效。

令人生畏的职业转变开始了

现在阿里应该另想一招了。这一次，阿里决定去英国开启新生活和数字营销的职业生涯——这是他获得媒介和传播学位后的少数选择之一。搬去英国两个月后，由于积蓄已经所剩无几，尽管他在该领域缺乏经验，但他还是抓住机会加入了一家新兴公司，成为一名搜索引擎优化（SEO）客户主管。

需求产生了强大的推动力。对阿里来说，在所有市场营销领域中，搜索引擎优化或许是他最不可能选择的。这是市场营销中技术性最强的领域之一，要求拥有数学和科学技能，而这正是阿里最难做到的。例如，SEO 主管需要对服务器和数据库有扎实的理解，这是互联网的基石。这项工作还需要对搜索引擎优化排名因素有全面的了解，包括页面标题、关键词和反向链接。另外，网络分析知识也很重要——利用辛苦收集到的统计数据，直观地了解客户的想法，并找到可能转化为网络搜索的常见客户“痛点”。

最重要的是，作为一名搜索引擎优化主管，需要了解搜索引擎算法的工作原理。

范式转换

搜索引擎优化，编码，计算机，改变。

在谈到马的革命时，我们已经看到了科曼奇文化中有某种特别的东西——对创新和变革的不同寻常的开放态度，使得科曼奇人比其他文化的人更快地把握住马的好处。是一小群思想灵活、身体矫健的创新者在传播新的马匹“技术”和理念吗？很有可能。是一种在艰难求生的挣扎中产生的实用主义让他们格外清楚地看到马匹所带来的进步吗？我们不得而知。

但是有一点很清楚，有些文化和亚文化，无论是怎样的，与过去的传统遗产保持着更加紧密的联系，这会使有用的新思想难以迅速穿越传统规范的雷区并投入公共使用。另外一些文化则似乎更乐于接受新思想。但是，即使在这些更具创新性的文化中，即使是最聪明的人也可能用尽一切力气来对抗变化，这一点在科学家中得到了证明：他们顽固抵制成年人神经形成的观念，反对细菌可能导致溃疡的观点。[6] 正如知识渊博的学者所言，搬动大学就像搬动墓地一样艰难——你不能指望里面的居民提供任何帮助。

科学史可以绘成一幅浮雕地图，让我们看到科学、商业和文化中新思想的大致轮廓是如何形成和流动的。科学史上最伟大的分析家之一是戴着眼镜的物理学家、历史学家和科学哲学家托马斯·库恩（Thomas Kuhn）。在研究一系列他称之为“范式转换”的开创性科学突破时，库恩注意到了一种模式。[7] 他发现，最具革命意义的突破往往是由一两种类型的人做出的。第一组是年轻人，他们尚未被强行灌输并形成看待事物的标准方式。这些人保持了思想的新鲜性和独立性。

如果你已经不能算是“年轻人”了，你可能会想，好吧，这么说我出局了。我已经不是十几二十几岁了，所以我无法取得突破！

但是别急。还有第二组人，他们比较“年长”，但却和年轻人一样具有创新精神，他们改变了自己的专业或职业。

正是聚焦点的改变，即职业的转换，让第二组这一年龄较大的群体获得了新视角。通常，这也使他们能够以新的方式将看似无关的先前的知识带到新工作中，从而帮助自己实现创新。

无论老少，当一个人在改变专业时，都可能会觉得自己像个孩子一样不称职。这种情况很普遍。但是请记住，不称职感会逐渐消失，你通过改变的意愿而获得的力量则是弥足珍贵的。

关键性思维转换

转换专业或职业会产生价值

当你开始尝试理解一门新学科或是想拓宽或改变你的职业生涯时，感到能力不足是正常的。尽管你所做的事情很困难，但是你正在为自己的学习和工作引入新视角。这不仅会对你的新同事有用，还可以让你的个人面貌焕然一新，别低估了它。

迈向新的地平线

阿里的故事为中途改变职业提供了一幅理想的图景。正如你将读到的，改变专业和探索新学科的过程很少像画一条直线那么简单。

阿里和我是在伦敦的一次晚宴上认识的，当时在场的还有他那位特立独行的同事——广告主管罗里·萨瑟兰（Rory Sutherland），我们很欣赏彼此的工作。当时，阿里全职从事数字营销工作已经有五年了，他喜欢他的工作；然而，他越来越觉得自己想要“更多”。他不想仅仅就如何创建更好的转换网站向客户提供肤浅的建议，他希望自己能够了解幕后的工作原理。他开始觉得自己的日常工作对他是一种嘲弄，每天都在向他展示稍具计算机编程技能的人就能办到的令人惊羡的事情。

阿里开始想：为什么只有他们能行，而我就不行呢？他觉得自己不能因为这个疑问抱憾终身，于是决定正式加入深受追捧的“学会编码”运动。

在我们第一次见面时，阿里告诉我他一直在尝试学习在线编程课程，比如深受学员们推崇的 Codecademy。但是和许多刚开始重新训练自己的人一样，他也犯了一些起步阶段的错误。对于阿里来说，这是一种熟悉的循环，让他回忆起当年与 STEM 课程搏斗时的不愉快的感觉：怀着激情开始——早期进展顺利——当事情推进得太快时，遭遇陡然下降的学习曲线——与进步比自己快得多的同学进行对比——开始感到泄气，并且找各种借口拖延——过一段时间重新开始学，却发现大部分东西都已经忘记了，又回到了起点。

但后来他偶然发现了一本书——《学习之道》[⊖]（*A Mind for Numbers*），作者是芭芭拉·奥克利（没错，就是我）。阿里不仅对书中关于学习的见解感到震惊，而且也对我的经历感到震惊。我描述了我是如何从数学恐惧者变成工程学教授的，主要就是通过重新训练我的大脑来掌握数学和科学。当阿里读到我早年学习数学的痛苦经历时，他觉得我好像就是在说他。阿里又去 Coursera 上完成了“学会如何学习”课程，了解了一些与他的职业有关的学习观点。

⊖ 此书由机械工业出版社华章公司出版。

阿里对学习中关键因素的掌握，以及对编码技能的掌握，使他对计算机“内部”的工作原理更为熟悉。接着，他开始学习网络开发。也许在下意识中，他正在积累一套广泛的才智工具，用来支持他真正渴望的、更加包罗万象的职业生涯。

阿里·纳格维的有效再培训实用建议

以下是一些对我而言特别有用的技巧：

我的手机上有一个波莫多罗应用程序。这让我可以在25分钟内冲刺工作，然后休息5分钟。这一简单的技巧能非常有效地帮助我专注于过程而不是结果。每天完成我计划中的波莫多罗数量能让我获得非常令人满意的成就感。我并不完美，但是考察我许多个月来的波莫多罗应用程序统计数据，看得出我一直在与拖延症做斗争并从中得到成就感。

我发现，在我努力吸收相关知识时，我所缺失的环节就是组块——不断地理解和练习关键思维技巧，直到能像学会唱一首歌那样熟悉它们。自己预习课程、重要概念和概述，能让我的大脑提前做好准备，就像一组支架，构成了我的学习框架。学习一个新概念，然后闭上眼睛回忆我刚刚学到的东西，这让我没有办法逃避，无法自欺欺人。如果我真的掌握了它，我就能回忆起它。如果没有，我就再学一遍。

我已经开始按照自己的学习时间表安排休闲活动。我可以享受我最喜欢的Netflix节目、弹吉他、听音乐，等等。只要我事先集中精力学习过了，我就没有负罪感。最好的地方在于，当我进入闲暇时间时，我知道我的大脑仍在朝着目标努力，这要归功于发散模式（神经系统的“休息状态”，在这种状态下，你没有去特意思考任何事情）的“魔力”。在这些放松期，我仍然在学习——我的大脑正在处理我之前学到的东西。

我开始享受在任何学习中将隐喻应用于概念的做法。我一直拥有很好的视觉头脑和鉴赏音乐的能力，用有趣的音乐配合五颜六色的图像甚至可以让二次方程式变得有趣！

我已经养成了睡前思考刚刚学到的新概念的习惯。这不是一个集中注意力学习的过程（不然我就永远也别想睡着了），而是一种轻松的回忆。我认为这是在“温柔地打开我的发散模式之门”。在过去的两周里，至少有两次，我在大清早突然领悟了某个困难的概念。我认为这不是巧合。

另一个对我而言很有效的方法是大声地教自己。也就是说，完全把自己当成一个新手，然后向自己解释概念。我看起来可能像个疯子在自言自语，但是当你必须以简洁、易于理解的方式教授某样东西时，你就能迅速明白自己是否完全理解它了。

时间往前快进一年。阿里上了许多与编程和商业发展有关的慕课课程，他的人生也取得了一些令人神往的飞跃性成就。他在自己的广告公司里获得了两次晋升，第一次是晋升为业务总监，现在则是晋升为业务合作伙伴。他爱上了他梦想中的女人并且与之订婚了。现在，他生活中的一个关键主题是自我意识。他说："我很快就 32 岁了。很显然，我取得成功最有效的方法是集中精力经营我的优势，同时慎重地选择需要努力克服的缺点。随着婚礼和婚姻生活的临近，我也在考虑，作为家庭的主要经济来源，我应当承担的责任。"

阿里通过业余时间的学习，在网络开发和数据分析方面获得了相当多的知识。现在，人们终于可以清楚地看到，他真正的优势在于将那些最近获得的技能糅合在一起，并融入他最大的"附加价值"——人际关系建设。他致力于激励他的人才队伍团结一致，朝着共同目标前进。而且，他在电子商务领域有着长期的创业目标，这将把他的体育经验和数字营销技能结合起来。

在很长一段时间里，阿里都很难原谅自己在早期职业生涯中的所谓失败，其中包括未能成功当上一名职业高尔夫球手。现在，他开始意识到拥有如此丰富的经历是多么的幸运。他获得的经验教训和掌握的技能不仅在目前的工作中，而且在他的总体职业发展中都是有用的。

阿里 · 纳格维关于职业转变的建议

在你想做的事情上总会有人做得比你好。你必须认识到，你是在走自己的人生旅程，在走自己的路，你是"自己的最佳版本"，而不是别人的拙劣版本。把自己和同龄人进行比较是很正常的，但是，我是这样想的：有很多图表可以展示一个人生活中的不同方面——情感成熟度、创造力、专业、职业发展、财务安全，等等。并不是每个人的图表都是以相同的轨迹运行的。那个在高尔夫比赛中让你输得找不到北的人？他或许很渴望拥有你弹吉他的能力。那个在慕课论坛上的学生？在你百思不得其解的时候他似乎轻而易举就解决了编程问题，而他或许敬畏你的推理和创造性写作技能，正如你敬畏他的编程能力。如果你将注意力集中在个人事实上，那么当时机合适的时候，你就会到达你想去的地方。

关注现在

阿里的高尔夫教练传授给他的最有价值的经验之一就是控制自己的情感和态度。高尔夫可能是一项令人烦恼的运动——这里一次不走运的弹跃，那里一次走神带来的失误，你的胜利就变得渺茫了。在锦标赛中，当情况与阿里希望的背道而驰时，他会努力克制自己的沮丧情绪。

教练给他的最好建议是："过去的已经过去了，你无法改变它。你所能掌控的是你在下一次击球时的态度。此刻世界上唯一重要的事情就是下一击。"

阿里将这种智慧应用到在线学习中，他指出："在线学习是我们这一代人所享有的一项不可思议的特权。然而，独立学习一门复杂的学科，如高级统计学或编程，往往是一种令人烦恼的体验。在学习编程的过程中我得到的教训是：这里丢失一个冒号，代码就无法运行。你的程序中有一个错误的步骤，数字就被取消了。每当遇到这种事情，我就试着执行在高尔夫生涯中学到的那套标准操作程序，也就是承认我的烦恼，然后深呼吸，思考我可以采取哪些步骤排除故障，接着再专注于这些步骤。”

现在你来试试！

“组块”是一项重要的学习元技能

文化正在改变，新的技能组正变得越来越重要。学会如何学习是一项重要的元技能，可以帮助你跟上快速发展的技能组。阿里发现，掌握知识组块（例如，如何编写简短、可读的代码模块）是他在新领域获得专业知识能力时的一个重要缺失部分。

什么样的小组块适合你花几天时间练习呢？试一试，注意观察它是如何变得越来越容易回忆起来！如果你愿意的话，可以在纸或笔记本上用一两句话记录下你每天取得的进步。

第 4 章

CHAPTER4

“没用”的过去可能成为一种优势
业余爱好开启新的职业生涯

纵观历史，总是有名不见经传的人横空出世、夺取权力、撼动世界。以尤利西斯 · S. 格兰特（Ulysses S. Grant）为例，他本是一介砍柴的平民，曾因酗酒被军队开除，但后来却成为南北战争时期最伟大的将军之一。在离我们更近的时代，罗得岛州一名地位低下的电视图案设计师克里斯蒂娜 · 阿曼普尔（Christiane Amanpour）后来成为世界顶尖电视记者之一。一个默默无闻、被领养的男孩史蒂夫 · 乔布斯（Steve Jobs）从下层中产阶级中脱颖而出，成为比尔 · 盖茨的竞争对手，而比尔 · 盖茨从小就享受到世界一流的教育。

但是还有更多出身卑微、数以亿计的人从未有机会成名。即便如此，通过将过去学到的看似无用的知识带到现在，转变职业者和新的学习者使社会得以向前发展，用最初未被认可的本领来满足各种需求。

荷兰莱顿大学的项目协调员塔妮娅·德比（Tanja de Bie）把这样的人称为“第二次机会把握者”。她对此深有体会，因为她就是其中之一。

塔妮娅是位充满活力的女性，脸上带着会心的微笑，有一头光晕般的头发，外加一种优雅的荷兰风情。塔妮娅充满了能力和信心，但她并非生来如此。人们会因为很多原因脱离传统大学教育的轨道。塔妮娅曾经是一名优秀的学生，但她最终放弃了莱顿大学的历史课程，以便养家糊口。尽管她的男友也正在求学，但是他们的家庭仍在不断扩大，已经有了一儿两女。

我第一次和塔妮娅聊天是在加利福尼亚州南部的一家生意兴隆的咖啡店——她是从荷兰飞到那里参加我们的在线学习会议的。当时塔妮娅和我在国外倒时差时一样，眼神显得有些游离，但她的热情极具感染力。

荷兰行政人员塔妮娅·德比慢慢意识到，她多年来通过业余爱好积累起来的“无用”的知识使她获得了强大的洞察力，帮助她找到了梦想中的工作。

我俩早年生活经历的相似程度令我感到震惊。跟我一样，塔妮娅早年热爱人文科学，对待生活的态度有些任性。作为家庭的经济支柱，她在各个部门（新闻机构、市政府和医疗保健部门）担任秘书职务。尽管没有大学学位，但她逐渐从秘书晋升为管理人员。她最终又回到了莱顿大学，这一次是以工作人员的身份，吸引她的是该校的前瞻性哲学，“重要的是你展示出来的，而不是你所知道的”。作为莱顿大学政策部门的一员，她帮助实施了各种项目。但这些对她活跃的大脑来说仍然不够。晚上在家里，她继续从事自己近十年前培养起来的业余爱好——网络游戏。

游戏

网络游戏是一个与“现实世界”截然不同的生态系统。它需要将分析能力、现实世界的知识和人际交往技能以奇特的方式并列组合起来。塔妮娅发现自己特别喜欢玩“发帖扮演”游戏——一种通过在论坛上写故事进行的角色扮演游戏。她的历史知识使她讲述的故事具有非同寻常的分量，于是她成为一个游戏资源社区的副总裁。她还创造了自己的历史和幻想网络游戏，里面充满了出色的视觉效果和令人兴奋的历史布景。她所栖居的网络世界要求很高，需要对 HTML 有深入了解，能够游走于网络的合法环境中，了解垃圾邮件程序，能够创建投票、锁定主题、发布全球公告，以及其他很多功能。[1]

塔妮娅可以等晚上回家后再拾起自己的爱好，同时也可以随时放下手头的任何事情去照顾年幼的孩子。她发现通过论坛与来自全球五花八门的时区的人交流非常令人兴奋。有时候她会熬夜到凌晨，兴奋地用键盘敲打出故事：“你这个傻瓜。”勒罗伊咕哝道。他的家人再一次令他头痛不已。为了怂恿他的英国王室表亲加入他的天主教远征，以增添法兰西和太阳王的荣耀，他费尽了心机，可如今一切都付之东流。

网络游戏为塔妮娅提供了额外的激情和创造力的表现机会，她在生活中需要这些。塔妮娅天生善于讲故事，兼具叙述和分析才能，网络游戏为她提供了一个不同寻常的表现创造力的机会。塔妮娅从网络游戏中获得的激情和生活乐趣也渗透到了她的工作中。事实上，这是塔妮娅在咖啡机旁开善意玩笑时的话题，因为她偶尔会聊到前一天晚上的游戏恶作剧。

塔妮娅所参与的网络世界的一个暖心之处在于，那里有许多好人。在现实世界中，他们会献血、服务于志愿消防部门或是停下来帮助驾车者。在网上，他们会在论坛上发表有用的评论，帮助测试新软件，并提供富有洞察力的产品评论。这强化了对人类性本善的信念。

但是，网络世界还有另一面，即有一小部分人具有恶毒的倾向。由于网络具有巨大的扩音器效应，所以这种邪恶的人可能产生巨大的影响。更糟糕的是，网络世界往往是匿名的，因此很少有社会约束机制来调节人与人之间的对话。正常人要是指望与这些较险恶的人进行正常的互动，就会像摇着尾巴的小狗狗无意中溜达到了大灰熊面前。

被称为“水军”（troll）和“喷子”（hater）的人喜欢在网

络社区制造问题。他们非常喜欢故意发布煽动性的内容（“煽风点火”），骚扰和纠缠他人。他们还擅长制造虚假网络身份（“马甲”），用来附和自己，就好像有许多人支持他们的观点。“水军”也能获得真正的支持者，其手段往往是把自己描绘成受到误解的受害者，同时在私人聊天中赞美那些比较有同情心、比较友善的网络用户。与此同时，“喷子”只是“喷子”，他们能够罔顾任何反驳，只管拼命地恶毒咆哮。

诸如此类的网络活动会产生破坏性极大的心理影响，不仅对个体受害者如此，而且会殃及整个网络社区，这可以引发负面聚爆，导致用户逃离。

要理解“水军”“喷子”及其他冲突制造者，并有效地应对他们，需要一种特殊的技能，这种技能是随着时间的推移培养出来的。

塔妮娅正是通过游戏培养出了这种技能。[2]

职场上富有挑战性和不断变化的需求

尽管学术界有时存在恶毒的钩心斗角、尔虞我诈，但大学依然可以是令人愉快的工作场所。终身教员们居住在一个安全的世界里，“统治”着大学生们，后者通常明白与导师们“和善相处”的好处。在面对面的交谈中，很少有学生会想到去发表那种可以在网上匿名发表的煽动性言论。

此外，许多教授，特别是那些在医学或工程学等高强度和高技术性学科领域的教授，都好似现代版的与世隔绝的僧侣。这些领域需要多年全心全意的奉献，这使得他们对流行文化的重要趋势一无所知。这就意味着学者们（包括许多工作繁忙、受邀教授大规模在线开放课程的世界级专家）可能会受奇怪的盲点折磨。（人人都有盲点，非常聪明的教授也不例外）。

有一天，塔妮娅在办公室的咖啡机旁与莱顿大学的一位行政人员聊天。话题是在线讨论论坛。

在线讨论论坛在网络教育中一直发挥着很好的作用，它就像是电子形式的咖啡机，是学习者聚在一起探讨学习材料的交流中心。几十年来，这种论坛一直被用于有三四十名学生的形式简单的本地在线课堂，不存在匿名现象。

然而，慕课的讨论论坛与此截然不同。这里不会只有几十个学生在论坛上发帖，这里可能有来自世界各地的数千甚至数万名学生。这些学生中有很小一部分人可能表现得很糟糕——欺负他人、上传色情内容、威胁他人。还有一些人会暗藏各种既得利益，甚至宗教或政治狂热，这些都可能削弱思想的自由交流。

塔妮娅很清楚，慕课的在线论坛可能会给一所大学带来煽动性的问题。即使只有一名“水军”或“喷子”也可能改变整个讨论的基调。塔妮娅意识到，慕课的规模是如此之大，以至于可能出现多个“水军”，这些“水军”可以观察其他“水军”，然后联合起来，为他们的破坏行为营造出一种正常的感觉。

那天上午，从塔妮娅和行政人员在咖啡机旁的谈话中，可以清楚地看出人们为什么会对论坛感兴趣。恐怖主义是一个至关重要的话题。在从网络的角度应对这一话题方面，莱顿大学处于世界领先地位。但是，恐怖主义对于那些思想尖锐、顽固的人来说，尤其容易产生一种引发争议的效应。那些人不愿意听取任何其他观点，他们愿意尽一切努力去诽谤那些与他们持不同见解的人。因此，恐怖主义相关慕课可能吸引很多“水军”和“喷子”，塔妮娅在网络游戏世界中见识过许多这样的人。

塔妮娅忍不住要问：在大学即将开设的有关恐怖主义的课程中，大学打算如何应对“水军”？

她被对方的回应吓了一跳：“什么是“水军”？”

关于性别的谨慎题外话

塔妮娅天生热爱历史，并具有很高的语言天赋。她也有敏锐的分析能力，这体现在她对游戏机制的热爱和对在线游戏世界的参与过程中。她甚至能够设计在线游戏，这一技能远远超出了初学者使用计算机的水平。尽管她倾向于把自己看成一个以人文学科为导向的人，但是很明显，如果她愿意的话，她本可以从事一种更具分析性的职业。

任何一本讨论职业选择、职业转换和成人学习的书籍在谈到“天生的爱好”时都必须涉及男女之间的差异，否则它就是不完整的。塔妮娅·德比的人生，以及她尽管拥有显著的分析能力但却更热爱人文学科，说明了女性的能力和兴趣有时是如何区别于男性的。

尽管，总体而言，男孩和女孩在数学方面的能力基本相同，但是女孩子经常发现自己的语言能力比数学能力强，而男孩子则经常发现自己的数学能力比语言能力强。这些倾向源自睾丸素，睾丸素是儿童语言能力的发展阻力。男孩体内富含睾丸素，因此会发现自己的语言能力比同龄女孩要差一些。[3]（记住，这只是平均值，个体之间可能会有很大的差异。虽然男孩子可以在后期赶上，但是届时他们的自我性别角色认知已经开始固化。）

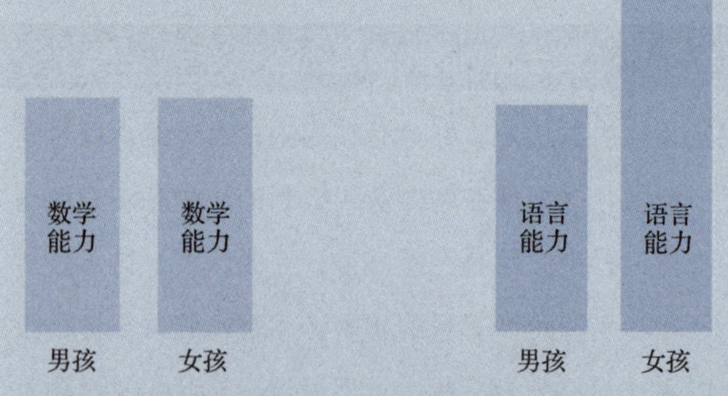

随着儿童逐渐成熟，女孩和男孩的数学技能发展几乎没有差异。

一般来说，男孩的语言发展速度落后于女孩——在幼童时期，男孩开始说话的时间较晚，而且没有同龄的女孩喜欢说话。（这张图片夸大了平均差异，以便使它们在下一个图表中更为清晰。）

左边的图表展示了男孩和女孩在数学能力方面的发展差异。显然，这里没有真正的差异。右边的图表则展示了语言能力方面的平均差异。在这里，很明显，男孩落后于女孩。[4]

从幼儿时期开始，女孩的平均语言水平就比男孩高。同时，一般的男孩可能会发现自己的数学能力远远超过语言能力。如果你把这两张图表放在一起，如下图所示，你就会明白为什么男孩经常声称他们的数学更好，而女孩则声称她们的语言能力更佳。这两种说法都是对的，尽管男孩女孩在数学方面的平均能力是一样的!

我们经常围绕自己擅长的东西来培养爱好。事实证明，对于女孩来说，把需要强大语言技能的科目学好往往显得更容易些。对于男孩来说，定量性质的科目似乎比涉及语言技能的科目更容易些。当然，睾丸素可以帮助肌肉发育，使运动看起来也很有吸引力。[5]

不幸的是，女性经常拥有的巨大优势（她们的高级语言技能）也可能在不经意间转化为不利因素。女性有时会认为她们的爱好仅局限于语言导向的领域，但是她们也可以拥有相当于男性的数学和科学技能，只要她们也去选择（对她们自己而言）看似更为险峻的道路去培养这些技能。

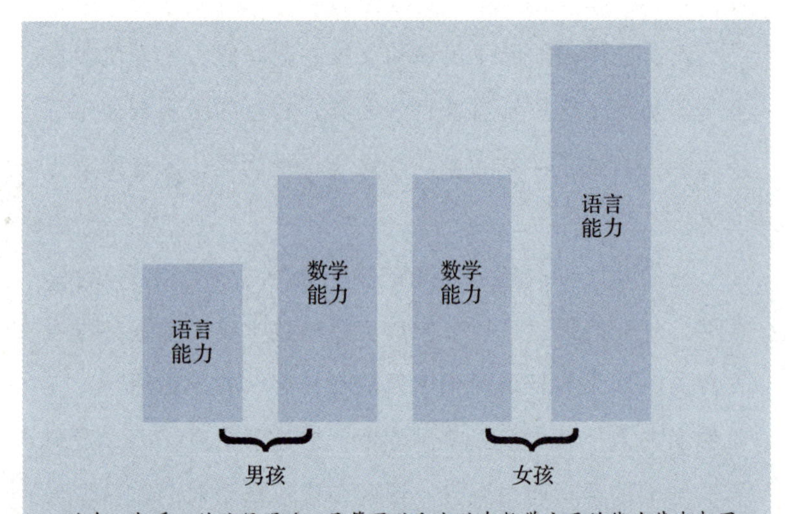

放在一起看，结论很明确：尽管男孩和女孩在数学方面的能力基本相同，但是女孩子经常发现自己的语言技能比数学技能强，而男孩子则经常发现自己的数学技能超过了语言技能。这些倾向源自睾丸素，睾丸素是儿童语言能力的发展阻力。男孩体内富含睾丸素，因此比女孩受其影响更深。(记住，这只是平均值，个体之间可能会有很大的差异。) 尽管随着孩子的成熟，这些差异会逐渐消失，但早期的认知会继续存留下去。

塔妮娅就是专家

“什么是‘水军’？”塔妮娅简直不敢相信自己所听到的。这所大学正准备开设一门关于恐怖主义的慕课课程，但他们却对“水军”一无所知？

突然之间，局面发生了变化：塔妮娅不再是一名地位低下的行政助理，用多年来积累的来之不易的技能支持学者们的工作。塔妮娅自己就是专家。

那天上午，塔妮娅让行政人员开始了解到在线社区的动态特征，以及在线社区中的互动与面对面互动之间的相似点及不同点。塔妮娅很担心莱顿大学，这是荷兰最古老的大学，在很多方面也是最负盛名的大学。她知道，如果没有版主监督论坛，那么区区几名“水军”和仇恨者的行为就可能让这些空间变得乌烟瘴气，不仅让这所大学以负面形象出在新闻媒体上，而且还可能把想来这里读书的学生吓走。

幸运的是，莱顿的管理者很明智，他们没有挑三拣四，一定要找到一名拥有学术资格的专家。他们只想从真正懂行的人那里获得解决问题的答案。简言之，塔妮娅成为有关慕课在线论坛问题的最佳求助对象。很快，她就被任命为莱顿大学慕课论坛的社区管理员——成为她所在职场上的一名重要角色。这意味着要引进导师志愿者，对他们进行培训，以确保莱顿大学慕课的数以万计的学生拥有高质量的学习体验。教授们也开始依赖她的专业知识。她最先给他们的建议是什么？——不要给“水军”喂食。换句话说，不要回应那些意在激怒大家的信息。如果某些评论真的很恶劣，那么就在它们在社区传播不良影响之前清除它们。

做这项工作时，塔妮娅深受其祖母态度的影响。她的祖母是 20 世纪 30 年代的一位传统的贵妇人，曾接受过卓越的教育，这在那个时代是很罕见的。她的祖母曾经对她说：“我不在乎你是不是会惹上麻烦。我希望你知道如何说出自己的想法。但是，别让我听说你在这么做的时候表现得很粗鲁。”

现在回顾起来，莱顿大学采取了符合常识的做法，有效应对了那些自以为是、自高自大、一心想将自己的世界观强加于人的人，这似乎是显而易见的选择，但是，当时许多大学都得以从莱顿大学的经验中获益。此外，莱顿大学富有远见地创造了一个新职位，等于是认可了在线学习的独特需求。现在，塔妮娅的正式头衔是莱顿大学莱顿慕课项目协调员和社区管理员。

在我造访位于海牙的莱顿大学时，塔妮娅的上司玛丽亚·维斯泰尔（Marja Verstelle）说："是塔妮娅自己创造了这份工作。她非常敬业。一开始，她每周花一天时间主持论坛，但后来我们发现她做了更多的工作，远远超出了主持论坛。当你在寻求创新时，你会非常需要帮助，这就是我们当时的处境。当我们需要塔妮娅时，她就在那里。"

关键性思维转换

业余爱好的价值

业余爱好往往会带来宝贵的思维灵活性和洞察力。如果你幸运的话，这些洞察力会产生溢出效应，增强你的工作能力。但即使不是这样，你的大脑也可以得到锻炼。

进入一个新世界

尽管没有正式的大学学位，但是塔妮娅有着愉快活泼的性格，在莱顿大学想进军的全新的网络世界中，塔妮娅展示出切实的掌控力和做出有效决定的能力，这使她成为一个杰出的人。正如莱顿大学与塔妮娅之间的故事所揭示的，现代职场有着在线需求，而目前的大学认证系统，包括学士学位、硕士学位和博士学位，有时候不够灵活，无法满足现代职场那种快速变化的需求。非常值得赞扬的是，莱顿大学大胆主动地创造了新的岗位，并且为这些岗位安排了合适的人才。这使得莱顿大学能够规避那些不太适应新形势的大学所经历过的慕课入学率下降。事实上，莱顿大学的入学率不仅没有下降，而且在为大批量学生提供高质量在线课程体验方面，它已走在欧洲的前列。慕课正在创造的工作岗位需要拥有新技能的专家——聪明的大学看到了这一点。

塔妮娅有时觉得自己正生活在梦想中。在日常工作中，她可以在 Facebook 和 Twitter 上“玩”——做自己喜欢的事情并获得报酬。她还可以享受周游世界的额外好处。她的观点很受重视——她现在是帮助大学和主要在线供应商推进各种活动的重要人物，从慕课到重要国际会议，不一而足。

正如科曼奇人突然获得马匹领域的专业技能后所发现的那样，也正如阿里·纳克维在转入数字营销领域后所发现的那样，新的工作和技能在不断地涌现，虽然旧的工作正在消失。但这些新的工作往往没有被贴上这样的标签，甚至往往不正式存在。各种机构有时甚至没有意识到它们需要具备某些新技能的人，这些技能往往是如此之新，以至于没有人接受过任何正规课程的培训。

塔妮娅是第二次机会的捕捉者，她并不安于自己的游戏和学习。仅在过去的几年里，她就去过伦敦、马里兰州、宾夕法尼亚州和加利福尼亚州，与朋友见面。她还在线下与她的孩子及其小伙伴们玩骰子游戏，加强亲情纽带，在孩子们的生活中扮演有趣而鼓舞人心的角色。

谁知道她正在为孩子们的未来创造怎样的第二次（以及第一次）机会呢？

现在你来试试！

你是否拥有或者能培养出特殊技能

多年来，塔妮娅·德比在管理在线社区方面培养出一项宝贵的技能。她大胆地将在线游戏社区作为一种学习职业技能的模拟沙盘，这里面不仅包括编程的各个方面和网站建设的机制，而且最重要的是，大型在线社区的发展和互动方式。幸运的是，莱顿大学有足够的远见，认识到塔妮娅的能力正是它所需要的，无论她的学术背景是怎样的。

思考你自己的经历。你是否拥有某项一直被忽视但却可能很有价值的不寻常的技能？有没有什么新的技术领域你先前觉得自己做不来但可以从现在开始逐步去了解呢？把你的想法写在笔记本上，或是写在一张纸上，标题为“特殊技能”。

放弃一份工作往往会带来更多的满足感

令人惊讶的是，很多时候，人们最大的噩梦（不得不放弃一份他们想做的工作）结果却成了他们所经历过的最棒的事情之一。这就是金·拉库特（Kim Lachut）的经历。

金是一个擅长交际的人，她在自己的母校找到了一份理想的工作，担任校友活动和服务的经理人。她会认识一些很出色的人，有时甚至是名流，她为他们举办派对，并以此获得报酬。还有比这更棒的吗？当然，这项工作需要很多不同的技能，包括预算、确定和安排聚会场地，安排餐饮、市场营销、注册、安排演讲者，而且她必须有后备计划来应对意外情况。所有这些都需要对细节的大量关注，以及杰出的人际交往技巧。金干得风生水起。

接着，管理层发生了变动。金的工作环境变得紧张而充满压力，她开始讨厌在工作日起床。她意识到更换工作是适宜的选择，但活动策划相关的工作机会似乎并不是很多。不过，她还能做些什么呢？尤其是她在过去的十年里除了活动策划什么都没做过。

但正因为金是一个擅长交际的人，所以她有丰富的人脉。她遇到了一位全日制 MBA 项目的主管，后者正在寻找一位项目协调员，负责项目中的咨询、招聘和学生管理工作。这正是金的强项，特别是因为她已经对这所大学及其运作方式非常熟悉了。随着这份工作一同到来的是作为 IT 系统管理员的职责。

金·拉库特惊讶地发现，IT 世界是她施展强大的人际交往技能的绝佳场所。

然而，当时存在着一个重大的挑战：金在 IT 或计算机软件方面没有任何经验。但是她下定决心要去一个快乐的工作环境，因此，受到邀请之后，她就接受了这份工作。经过了最初几天紧张的适应之后，她发现了一件意想不到的事情——IT 工作中所需要的技能与她在活动策划中使用过的很相似。

例如，当她策划一次活动时，有一些步骤需要遵循，这跟她在编程中遵循的过程很像。她所需要考虑的仅仅是如何应对各种不断展现的可能性，对细节的关注是至关重要的。金说："如果某个进程不正确或系统工作不正常，就会伤害到我们的学生。在我的工作中，我不仅在软件方面培训我们的用户，而且还让他们了解这个软件会如何影响最重要的人——学生。"

金发现，数据量庞大的 IT 领域很喜欢她这种"擅长交际的人"，因为他们可以将系统之间的点与使用这些系统并受这些系统影响的各种人联系起来。金说："我已经成为一名自封的数据怪杰，我能够将我的交际技能应用在教别人系统工作原理上，并且以一种人人都能理解的方式。"

关键性思维转换

职业"灾难"的价值

那些在职场上有着广泛经验的人经常观察到，被迫放弃一份工作后，人们对新工作的满意度远远高于旧工作，无论这在最初看起来是多么不可能。

第 5 章

CHAPTER5

重写规则
非传统学习

扎克·卡塞雷斯（Zach Caceres）是一名九年级的辍学生，14 岁就进入职场，首份工作是打扫厕所。扎克现在 25 岁左右，有着一种平静的自信，这使他看上去比实际年龄要老成得多。他这种自信完全是意料之中的。尽管扎克的起步并不顺利（或者说可能正是因为如此），但是如今他已经成为危地马拉市弗朗西斯科马罗昆大学迈克尔波兰尼学院的院长。

我正在安提瓜（曾经的危地马拉首都）和扎克一起坐在“7 卡尔多”餐厅里。扎克几年前来到危地马拉后才开始学习西班牙语，但他却和侍者用西班牙语聊天，很随意地点了一瓶啤酒，而我却只能困惑地盯着菜单。扎克解释道，Kak ik 是一种口味浓烈的火鸡汤，Pepián 则是一道放了很多肉的、味道辛辣的炖菜。

隔壁就是我下榻的圣多明戈酒店，这里曾经是美洲最大的修道院之一，这座宏伟的酒店就建造在它的基础之上。修道院的巨大石墙在1773年圣玛尔塔地震中倒塌，所以在酒店周围坍塌的废墟中行走感觉就像是走在庞贝古城中。

扎克·卡塞雷斯是危地马拉市弗朗西斯科马罗昆大学一所欣欣向荣的学院的院长，他从很小的时候起就开始掌控自己的学习之路，从而成功穿越了许多教育障碍。

我正在危地马拉参加一个会议，但我真正的任务是了解扎克。这件事并不像看上去那么容易，即使我就坐在他面前。事实证明，让扎克谈论经济学、哲学、历史，或几乎任何其他学科都很容易。然而，让扎克谈论“扎克”却是一项艰巨的任务。

扎克的父亲在扎克出生那年失去了工作，从一位受人尊敬、成功地由工程师转型的商业主管，变成了马里兰州乡下一个拖车场的管理员。扎克的学校系统，和其他许多学校一样，不能满足校内不同学习群体的需要。该县存在的巨大经济鸿沟因附近的一座度假小镇而恶化，让师生们的处境都变得更加艰难。对于这一现象，人们有太多的相互指责，但事实就是，美国的一些公立学校系统非常糟糕。委婉地表述就是，扎克的学区不能满足他的需要。[1]

扎克·卡塞雷斯迄今为止的学习之旅。

这种负面影响是真实的，并带有人身攻击的性质。老师们经常迟到，学生们有大量时间待在拖车“教室”里，处于无人监督的状态中，那里的课桌椅少得可怜。13 岁的扎克和他的一些同学经常很痛苦，并且转而给彼此造成痛苦。这有点像小说《蝇王》里的情节——为了自娱自乐，孩子们举行打斗比赛，就像在电影《搏击俱乐部》中那样。

扎克从小就被人欺负。他比其他男孩长得矮小，书生气十足，是个书呆子。至少对扎克而言，最大的问题就是学校的“恐惧驱动”文化，除了少数几个例外，那里的老师都喜欢摆布和辱骂学生，使任何有不同想法的人都像生活在地狱里。扎克无疑就是有着不同想法的人。

“我一直是个逆反分子。”扎克说道，在马林巴琴的背景音乐中喝了一大口啤酒，“小时候，无论我走到哪里，都会惹大家生气，因为我总是不赞成他们的意见。我感到自己与大家格格不入。我想，所有那些在别人眼中似乎很棒的事情，在我看来总是错得离谱。我一定很蠢，我一定是个坏人。"

问题的根源在于扎克独立的、富有天赋和创造力的思维方式。例如，作为一个孩子，凭借极快的写作速度，他所创造的东西远远多于其他孩子。但是，标准化测试采用扫描式检查，只有一个特定的空间可用于评分，这就意味着他经常被认为是有缺陷的。然而，正如扎克的妈妈提到的，他的许多课堂习作被用作整个学区教师研习班的范例。[2]

扎克对于自己可能会找到某种积极帮助他人的途径持乐观态度。他很早就加入了一个同龄人争端调解小组，在这里，他和同学们的任务是解决争议。事实证明，调解过程会让学生们的问题暴露出来，而这些问题又成了流言蜚语的素材。扎克回忆道："我们去参加一个争端解决会议。我把我的想法告诉了他们，我说他们只是在散布流言蜚语。事情的发展并不顺利。那天晚上，到了最后，一个男孩在我们所有人共同投宿的旅馆房间里向我扔冰块。接下来，我们就扭打到了一起。"

在一次争端解决会议上发生了一场斗殴。

扎克满怀热情地加入了童子军。在社区服务项目方面，他为小学生创建了一个课后音乐项目，并配备了一个乐器捐赠系统，接受当地社区居民的捐赠。但是他逐渐发现，该项目的运行方式与通常的童子军项目，如修建和升级操场，有着很大的不同。这些项目都是由一个家长委员会进行评估的，而委员会中有一个家长似乎认为扎克对自己儿子的成功构成了威胁。扎克为音乐项目的启动做了大量工作，之后却被告知在教授和管理音乐项目方面没能展示出足够的“领导能力”，因此他的“飞鹰童子军”项目没有资格立项。扎克幻想破灭，离开了童子军。

扎克对音乐的兴趣在教会给他造成了类似的问题。他被选中和他的少年乐队一同前往犹他州，参加一个青少年才艺大赛。他们准备了一首爵士歌曲，里面融合了《奇异恩典》[⊖]这首歌。他被告知（那时候已经是 21 世纪 00 年代中期了！），“爵士乐在上帝之家没有位置”，并且被淘汰了。扎克的麻烦不仅在于非传统音乐——他的青年牧师最终把他拉到一边说：“你必须停止指出我们一直在宣传的教义中的所有前后矛盾之处。”

如果换一个环境，扎克的聪明才智、独立自主精神和创造力本会大受赞赏，但是对于当年的他而言这只会招来麻烦。当他进入青春期时，他的行为变得越来越糟糕。他会与其他男孩一起，闯入建筑工地，打碎窗户玻璃，往墙上泼油漆以及偷东西。他和他的“坏小子团伙”一起，向汽车扔石头，向警车砸鸡蛋，有一次还试图烧毁一幢废弃的房子。在去基督教静修中心的路上，他会引诱女孩子，然后跟她们鬼混。简言之，他正在变成一个小混蛋——对生活满怀愤怒。

“一想到那段经历，我就感到悲哀。”扎克说，“我在那时候认识的许多人后来都死于意外或吸毒过量。他们现在只存在于我的 Facebook 好友列表中。”

⊖ 一首美国乡村福音歌曲。——译者注

但是，所有这些行为从本质上说都是为了表达自己的主张，即使他的选择只会加深他的挫折感。扎克与父母、家庭的关系是他生活中真正的磁石，但是业已磨损。他对自己或自己的人际关系都了解得不够透彻，所以无法理解究竟发生了什么。

在九年级极不走运的一天，一切都改变了。

那时候，公交车站旁的树林已经成了扎克的避难所。他每天都躲在那里，等公交车过去。然后他会回家，或者就是在附近闲逛，那时候的他就是一个萎靡不振的逃学者。他一天比一天更痛苦，也更大胆。有一天，他妈妈出门上班的时间比平时晚。扎克当时甚至都懒得花力气躲起来，于是被逮个正着。

扎克全都招了。他不仅仅是那一天逃学，而是几乎每天都逃学。就算他真的去上课，他也很痛苦。

那天晚上，当一家人坐下来吃晚饭时，出现了一种类似电视节目里的干预场景。大家围坐在那里，每个人都表情严肃，谈论扎克的“上学问题”，就好像问题只出在扎克身上。有一件事情变得很清楚：扎克想退学。校园霸凌和糟糕的教学使他走上了一条黑暗的道路。

他提出的解决方案很大胆，也很可怕。

关键性思维转换

有时略显孤独的创造者之路

有时候，你的创造力会让你觉得无法与周围的人同步。全世界数以百万计的人都有过这种体验，就像“在踩着与众不同的鼓点前进”。因此，如果在你的生活中有些时候这种感觉特别明显的话，你要知道你并不是唯一有这种感觉的人，这样你会好受些。

找到自足之路

即使是青少年时期的扎克，也会对能够揭开其处境之谜的研究深感兴趣。事实上，声誉卓著的社会学研究者琼·麦考德（Joan McCord）一直在参与一项关于高危青少年的研究，也就是剑桥－萨默维尔青少年研究，它最初是在 20 世纪 30 年代末和 40 年代初进行的。这项研究调查了男孩子在人生中是如何走上歧途的，以及如何才能引导他们走上更好的道路。

麦考德是一位充满活力、才华横溢的学者，她自己也曾经历过艰难的境遇。在读研究生期间，她最终与暴虐、酗酒的丈夫关系破裂，以离婚收场，这使她成为两个爱吵闹的男孩的单身母亲，度日艰难。20 世纪 60 年代初，人们依然期望女性成为家庭主妇而不是养家糊口者，所以麦考德的生活就像是一部跑步机，她为了养活孩子而从事评分和教学的工作。但她仍然坚持她的学业，于 1968 年从斯坦福大学获得了社会学博士学位。她发现自己对犯罪学研究很感兴趣。有一个问题在不断地困扰着她：人们是如何在人生中走上歧途的？[3] 麦考德在剑桥－萨默维尔青少年研究中所做的工作将为她的问题提供意想不到的答案。

这项研究是为预防青少年犯罪而制订的有史以来最为雄心勃勃的计划之一，始于20世纪30年代，由一位名叫理查德·克拉克·卡博特（Richard Clark Cabot）的研究人员发起。该研究经过精心设计，旨在量化对青少年提供何种帮助最能长期改善他们的生活，这些帮助包括咨询、辅导和其他支持。

深具影响力的美国犯罪学家琼·麦考德大胆质疑有关帮助高危青少年的干预策略的普遍观点。

参与这项研究的有波士顿地区超过500名男孩，其中包括“困难”男孩（即少年犯）和“一般”男孩。这些青少年首先被配对，尽可能依据家庭规模和结构、邻里、收入、个性、智力、体力及许多其他特征进行配对控制。然后从每对配对组中随机抽取一人进行治疗，另一人则进入对照组。治疗组获得了丰富的资源，而对照组则完全没有得到任何关注或支持。

辅导老师被分配到治疗组。他们带着自己年轻的辅导对象去参加体育活动，教他们如何开车，帮助他们找到工作，甚至帮助他们进行家庭咨询和照顾更年幼的孩子。[4]许多接受治疗的男孩也接受了学术科目方面的辅导，获得了生理或精神治疗，并被送去参加夏令营和其他社区项目。与此同时，对照组则像从前一样过着他们自己的日子。

1949年，在实验结束大约5年后，研究人员对研究对象进行了追踪。令研究人员惊讶的是，他们并没有在治疗组的男孩身上发现显著的有益效果。[5]研究人员对此能得出什么明显结论？现在评估这个项目的效果还为时过早。调查人员认为，再过上 10 年，等这些男孩再次接受评估时，这个项目的好处就会变得明显了。

1957 年，当麦考德还是一名研究生时，她第一次参与到这项研究中，她获得了一小笔资金，用于跟踪调查该项实验对男孩们的影响。麦考德的工作很乏味，然而，由于剑桥－萨默维尔青少年研究的开展非常注重细节，所以她的工作也很有收获。案例记录包括五年多来每月两次的报告，为每个男孩的情况提供了几百页的细节。经过数月辛苦的仔细检查，麦考德得到与先前研究者相同的结果：该项研究所预期的任何好处都没有出现。例如，在逮捕率、严重犯罪数量或犯罪年龄方面没有出现任何差别。很显然，让研究人员现在就判断这些男孩是否会从该项计划中获得长期益处还为时过早。[6]

这项研究的数据始终让人感到好奇。剑桥－萨默维尔研究中有某种东西一直在吸引着麦考德，但她不知道是什么。后续研究是否遗漏了一些重要的线索？有一些小的迹象表明，尽管以前的研究结果显示“无效”，但这种治疗或许确实是有益的。首先，一些现在已经是成年人的男孩自己认为这一帮助是有价值的。

美国国立卫生研究院也很感兴趣，它同意提供财政支持，让麦考德雇用一个小团队重新追踪研究参与者。

由于这项有着 30 年历史的研究涉及 500 多个男孩，所以麦考德和她的团队面临着一项艰巨的任务，即找到研究的原始参与者，并对他们的人生经历进行比较。该团队不得不充当业余调查人员，从所有不同的角度收集证据——城市人名地址簿、机动车登记、婚姻和死亡记录、法院、精神卫生设施，以及酗酒治疗中心。虽然他们所寻找的研究对象是来自一项大约 30 年前就已经完成的研究，但令人难以置信的是，他们找到了其中的 98%。更令人惊讶的是，大约 75% 的男性，此时已经五十岁上下了，他们对该研究团队的问题做出了回应。

这些男性的反馈非常直接。有 2/3 的男性认为这个项目很有帮助，因为他们觉得这个项目让他们“不再去街头厮混，从而远离麻烦”。他们说自己学会了如何更好地与他人相处，如何相信他人、对他人怀有信心，以及如何克服偏见。有些人认为，如果没有那些辅导老师，他们这辈子会走上犯罪的不归路。

按理说，这项计划应该在改善治疗组成员的人生方面起到很大的作用，但是结果却恰恰相反。治疗组表现出非常显著的差异。[7] 尽管这些差异很明显，但却很容易被忽视，之前每次对数据进行审查时也是这样，只因为这些效应太出乎人们的意料了。那些接受治疗计划的人更容易犯罪，更容易表现出酗酒或严重精神病的迹象，死亡时更年轻，更容易患上与压力有关的疾病，更容易从事声望较低的工作，也更容易对他们的工作表示不满。不仅如此，男孩参加项目的时间越长，治疗强度越高，长期结果就越糟糕。该项目完全是有害的，对高风险儿童和普通儿童都是如此。麦考德研究的另一个重要方面是发现研究参与者自己提交的主观报告并不可靠。

为什么这项出于好意，并且每个细节都经过精心设计的治疗会对那么多人造成那么大的伤害呢？

扎克重新启动人生

经过许多次真诚的对话交流，大家都同意，扎克得先完成九年级的学业，然后利用暑假研究替代课程。扎克和父母参观了许多私立学校，这些学校要么是他们负担不起的，要么无法成为当地公立学校的切实可行的替代选择。

他们去的地方越多，扎克就越是认识到，他只有一个选择：成为一名九年级辍学生。他把这个想法告诉了父母，但父母一开始并没有把他的话当回事儿。最后，扎克终于说服了父母，他解释说他不会停止学习，自己只是想以一种能够让他真正“学到”点东西的方式接受教育，而不是整天痛苦地坐在学校里，或者是被其他师生粗暴地对待。他指出，网上就有很多课程可以帮助人们在学业上进步。

扎克仍然记得辍学后的第一天，终于不必上学了：“我在附近的树林里走了很长一段路，我只能说，那是一段纯精神的体验。”他终于意识到，现在他可以不再感到恐惧或羞耻，可以自由地拥抱那个充满极客意识和独立精神的自我。

扎克的父母都得工作很长时间，没有时间亲自给他上课。

所以，他们给他立了一些规矩：他得经常和他们交谈，以证明他正在学习某样东西；不管怎样他得干一份工作，而不允许他成天躲在家里。有时，扎克的父亲会把问题写在餐巾纸上，让他在吃早饭时能够看到。

在扎克辍学的那一天，他的辅导老师告诉他，他“得放弃对美好未来的任何希望”。他的亲戚也批评扎克的选择，并告诉他的父母，允许他辍学会毁了他的人生。由于不再注册在校，扎克不能参加乐队，不能在当地的中学参加任何课外活动，不能使用图书馆，也不能获得大学奖学金。这是一个很困难的时期。

但也就是在这个时期，他以前所有的不良行为都消失了。他为自己找到了新的、更为积极的发泄方式，一来可以驱散挫折感，二来为自己的精力提供了一种建设性的使用渠道。他与父母的关系立即得到了改善，他不再就自己正在哪里以及正在做什么撒谎。总而言之，扎克相信，是辍学拯救了他的教育，这也许是他所做过的最重要的决定。摆脱了传统教育的束缚性摇篮、远离了同龄人有时相当恶劣的影响后，他开始发现“真实”的自我，尽管由于缺少传统的文凭和证书，他与机构交涉时难度增大了。

扎克很早就开始接受的关于现实世界的教育，包括：保有一份工作，使用图书卡和互联网，让好奇心充分发挥作用。他在网上选修了一些课程，并且成绩优异，证明了这一新学习环境的强大力量。他养成了阅读的习惯——这一习惯迄今为止一直在他的学习中发挥着良好的作用。扎克的体制外教育经历也在不经意间使他走上了一条创业之路——他修理在零售店后面的垃圾箱里找到的电子产品，并在 eBay 上销售。

扎克所接受的不规则、非寻常的教育给他留下了一个遗憾：他缺乏坚实的数学和科学基础，无法更好地与科技打交道。但他仍然设法做得很好。提高他的学习技能的一个因素是他对音乐的投入。从传统学校退学后，他的日程变得更加灵活，对音乐的投入也变得更加容易。

一天，扎克的父亲邀请他去参加一个当天下午在大学里举行的爵士乐队演奏会。演奏会结束时，教授说乐队对所有人开放。扎克把教授的话当真了，给教授打了一个电话。教授没有回电话，他就又打了一个过去。后来，他又试了一次。最终，他的坚持得到了回报——教授约他见面。扎克回忆自己当时问了一句："如果您肯教我，我能为您做些什么？"

那是扎克第一次从师学艺，他爱上了音乐。

早在 Skype 获得广泛使用之前，扎克就成为虚拟音乐课程的早期消费者。他甚至凑了 100 美元去上了吉他大师吉米 · 布鲁诺（Jimmy Bruno）的一节在线视频课。

学习弹爵士吉他教会了扎克如何成为一名更具"组织性"的极客。以前，他的思考和研究常常是随机和偶然的，但是弹吉他要求细致的思维。扎克逐渐意识到程序流畅性的重要性。[8]也就是说，他开始意识到日常练习计划在创造牢固的神经模式方面的价值，他可以毫无障碍地想到这些模式。[9]

扎克还懂得了刻意练习的重要性，他通过刻意练习，反复训练最困难的层面，以帮助自己将学习扩展到舒适区之外。[10] 爵士乐世界中有一些文化因素促使音乐家朝着这些重要的学习层面努力。扎克指出："如果你在排练时演奏一成不变的小过门，人们就会取笑你。"他们把这个叫作"在柴棚里苦练"。他们会说："你为什么不去柴棚里待着？你为什么不好好练习？"

扎克 16 岁的时候，去了当地的一所高校就读，他的音乐导师是该校的一名教授，他选修了该教授的学分课程。大约一年之后，他得以进入纽约大学（NYU）。他作为转校生正式进入大学，这意味着没有人会去仔细审查他的高中学历。

但是到了大学四年级，在毕业前的最后一次档案审查中，他被要求寄一份高中文凭过去。当然了，他没有文凭——他是在没有接受高中教育的情况下获得 3.98 平均绩点（GPA）的成绩的。（顺便说一下，他的 GPA 成绩是在做全职工作和每天花两个小时上下班的情况下获得的。）再一次，扎克发现自己被官僚体制搞得很沮丧——他被迫通过学习得州大学高中在线课程补了一张高中文凭。

扎克以优异的成绩毕业于纽约大学，获得了政治、哲学和经济学的综合学位。他还入选"奠基人俱乐部"，这是该大学对获得最高学术等级的学生的奖励。他成为纽约大学一名历史学家的研究助理，并获得补助金，与街头商人联合会（Federation of Street Traders）一同穿越肯尼亚，研究非正规经济。他开始被发展中国家的创业精神深深吸引了。

一天，在研究纽约一家名为“激进社会企业家”的创业公司时，他收到一封来自危地马拉著名的弗朗西斯科马罗昆大学的校长吉安卡洛·伊巴古恩（Giancarlo Ibárgüen）的电子邮件。[11] 吉安卡洛邀请扎克访问并探讨在众多项目上进行合作的可能性。就在 25 岁时，扎克开始负责该大学下属的迈克尔波兰尼学院，并创建了一个激进的、有利可图的文科研究实验性项目。在这个项目中，学生们可以自行制订学位规划。

这一切都让人想起扎克早年成功走过的路。现在，很多求贤若渴的公司希望招募到新项目所培养的富有创造性、能够胜任工作的毕业生——他们的就业率或自主创业率达到了 100%。很明显，扎克在迈克尔波兰尼学院的工作只是未来更伟大事业的发射平台，对学院和他来说都是如此。

扎克热爱他在发展中国家的工作。他说：“第三世界国家有着你可以预料到的所有缺点——贫穷以及缺乏教育基础设施。”但是他也发现在这个领域工作具有某种极大的自由性。

总的来说，扎克极具创业素质。对于他来说，最终接受自己的商业爱好实际上就是自己的职业，是件很困难的事，别人总是开玩笑地把这个称为他的“副业”，或者是他的“最新疯狂想法”。他在大学学习经济学，因为这让他能够从大局的角度来看待企业家精神及其影响。他认为，会计和市场营销等常规商业课程更多是在制造官僚管理者，而不是训练人们去创建具有挑战性的新企业。

“如果你和其他人拥有完全相同的经验和知识体系，那么作为一名企业家，你就很难去做有趣的事情或者产生有趣的想法。”扎克说，“获得 MBA 学位可能是一个同质化的过程。此外，会计或市场营销等技能可以在工作中学会。你必须在情感上和心理上获得训练，而不仅仅是理性地培养创业精神。许多商业课程本质上很抽象，无法培养出从无到有创造出某种东西所需的正确思维习惯，这通常就是在日复一日踏踏实实地埋头苦干、解决令人乏味的小问题的过程中形成的。”

扎克指出，许多非常成功的企业家根本就不是知识分子。因为他们不是知识分子，所以他们是从现实中（而不是理论中）获得强烈的反馈。事实上，他们中有些人并不拥有必要的培训背景或工作记忆，可以用来接受高度抽象和复杂深奥的知识理论。

“成功的企业家在起步时做的都是优化垃圾收集路线之类的事情，然后，十年之后，他们会在一个地区拥有许多收集路线。他们解决了一个看似平凡但却很重要的问题。正因为他们无法理解传统的、高度复杂的概念，所以他们能够想到某种非常用的东西，并且，具有其自身特有的高度复杂性。于是他们就成为地区垃圾收集路线优化的世界级专家。”

扎克微笑着说：“我知道这话听起来很矫情，但我确实相信所有人都拥有天资。教育经常会消灭人与人之间的差异，而不是赋予人们去从事伟大事业的自主权。”

麦考德进行深入研究

和扎克一样，琼·麦考德走的也是一条能发挥自己天资的道路。她所探索的研究途径与典型学者的大不相同。起初，她发现很难公布自己的发现，即一个看似有帮助的家庭支持项目实际上是有害的。该项目所采用的很多方法即使在近 80 年后的今天也依然在受到鼓吹。她提交的成果一次又一次被拒绝了，但最终还是被发表了。麦考德在《美国心理学家》（*American Psychologist*）上发表的论文《治疗效果的 30 年随访》（*A Thirty-year Follow-up of Treatment Effects*）引起了巨大的争议。[12] 这也促使研究人员开始更谨慎地考察出于善意的、从表面上看很有益的治疗项目。很快，出现了很多来自其他治疗项目的证据，证明那些项目弊大于利，或者至少是没有真正的益处，尽管支出非常庞大。

对于麦考德观察到的糟糕结果，有许多可能的解释。一种可能是，机构的干预导致男孩们对其他外部影响产生了不健康的依赖性。或者是，当男孩们习惯于接受各种服务之后，他们开始认为自己一直需要帮助。

琼·麦考德的儿子杰夫·萨伊尔-麦考德（Geoff Sayre-McCord）追随母亲的学术研究事业，现在他是莫尔黑德-凯恩哲学特聘校友教授以及北卡罗来纳大学教堂山分校哲学、政治和经济学项目主任。萨伊尔-麦考德告诉我："妈妈怀疑，有一个重要的原因就是，随着时间的推移，孩子们接受了辅导老师的（中上层阶级）准则和价值观，而这些准则和价值观不太适合他们的生活和前景。”[13]

琼·麦考德是一位具有开创精神的反传统主义者，她敢于质疑那些善意的、听起来有益的项目是否真的达到目的——让帮助对象们得到了帮助。她发现，社会项目几乎从不建立必要的程序去可靠地评估其成果。事实上，她发现那些从事社会干预工作的人在面对任何想评估其项目的人时，往往会感觉受到了冒犯，因为他们觉得，单凭良好的初衷就足以保证其工作的有效性。[14]项目设计者通常会避免收集能对他们干预的有效性提供有效证据的数据。萨伊尔－麦考德在道德理论、元伦理学和认识论方面发表了大量文章，在阐述他母亲的发现时，他是这样对我说的："我认为，人们更容易完全相信他们的直觉以及来自于其项目参与者的、时间跨度短的主观报告。当然了，剑桥－萨默维尔青少年研究表明，这些都是完全不可靠的，但是人们的信心很难动摇。而且，我认为，很多人（他们坚信自己所提供的东西的价值）认为，建立对照组只会让本可以得到帮助的人得不到帮助。他们宁愿用这笔钱帮助更多的人，而不是进行科学研究来证实他们自认为已经'知道'的东西。"

麦考德将成为美国犯罪学学会的第一位女主席。她勇敢地质疑各种受人尊敬的援助机构的有效性，如男孩俱乐部、夏令营、青少年罪犯监狱探访、D.A.R.E.（禁毒教育）以及其他深受欢迎的项目。她启动了一个流程，用于更仔细地评估一个社会项目是否真的达到了它最初的目标，而这在社会科学领域依然步履维艰。[15]

如何才能助长坚毅、坚持和坚定的行为？麦克阿瑟奖获得者安吉拉·达克沃斯（Angela Duckworth）耗费了毕生的精力来增进我们对于该问题的理解。[16] 达克沃斯提到了休斯敦大学心理学家罗伯特·艾森伯格（Robert Eisenberger）的研究。后者发现，在孩子们完成简单任务时给予大量奖励反而降低了他们的勤奋和坚定程度。[17] 换句话说，如果外援使事情变得过于简单，就可能适得其反，扼杀内在的驱动力。达克沃斯发现，培养坚毅者的最佳方式，须兼具强硬严厉和关心爱护这两种类型的人际关系。

当我们揭开许多项目和机构的面纱时，可能会惊讶地发现，它们的成果与既定目标竟相差如此之远。[18] 培养优秀教师的项目本身可能就和真正有益的社会项目一样难以捉摸。教育学教授林恩·芬德勒（Lynn Fendler）曾在一段引人注目的评论中称："似乎没有任何一项确凿的科学研究可以证实任何关于教学质量的教师教育课程的效果。"[19] 我们可能希望学生通过传统的途径获得成功，但我们必须承认，传统的途径可能是非常有问题的（有时候是出于我们尚不了解的原因）。所有这些都可能扼杀社会中最有远见和创造力的个体的精神。

关键性思想转换

避免自欺欺人

琼·麦考德的工作表明，有时我们会坚信我们的方法是正确的，以至于不去研究其他的可能性。擅长学习的一个因素是能够对他人的想法保持开放态度，并有意识地努力创造条件去验证自己是否犯了错误。

扎克的导师

扎克的道路格外令人感兴趣，因为早在初中即将结束时，他就凭直觉意识到，终极社会项目（传统教育）并不适合他。最后，他选择了一条不同寻常的、自我指导的道路。与传统的学校教育或许多现成的教学和指导项目相比，这条道路可能给了他更大的成功机会。扎克的“校外求学”之路并不完美——一个处在与他相同境地的人很难获得必要的日常练习，去培养数学、音乐或语言领域中特殊的、在早期形成的技能和能力。但对他来说这么做是非常成功的。

扎克不仅肯定了音乐所起的作用，还将这一切归功于他遇到的良师和学徒生涯。他的第一位导师是音乐教授。“我做各种各样卑微的事情，包括打扫他的办公室。这并不是什么美差，但这是一种向他表达感谢的方式，为了能有机会获得他的知识。”扎克在纽约大学读书时，曾帮助经济史学家查阅档案，阅读成千上万页枯燥的关于20世纪70年代纽约市金融危机的政府文件，并复印重要文件。扎克指出：“这么做的本质其实是在建立正向关系。有所回馈，而不仅仅是接受。”

扎克觉得，导师为他花的时间大部分是免费的。因此，对扎克来说，关键在于如何能够让自己对导师有价值。他指出：

“我该如何支持导师正在做的工作？因为我可以通过近距离接触蹭到他们的知识，这就像渗透作用一样。”

通过波士顿研究小组的社会项目进行的种种指导似乎没有效果，而扎克所接受的指导则效果很好。扎克凭直觉认为，他接受的指导之所以有效，正是因为它没有制度化。他没有参加任何指导项目或组织，也没有受过专业指导培训的辅导老师。相反，他与导师之间的关系是日常生活中在寻找机会的过程中自发产生的关系。

扎克说：“这些指导并不是漫无目的并且围绕着某种一般意义上的对年轻人的‘积极影响’进行的。我建立起这些关系是因为我想学习音乐，或者是我想学习经济学。我认为这与一般的有‘积极影响’作用的指导在性质上是完全不同的，因为指导双方都把一些东西放到了桌面上。”

“我的导师没有开车送我去各种地方，也没有给我很多人生建议。他们是这样教我的，‘这是我们分析古典作品的方法。回家去分析这部作品，下周回来告诉我你是怎么做的’。或者，‘这就是主观价值论以及它的重要性。回家去读某篇论文，下周回来，我们就这篇论文交流一下。’说实话，他们不是我的朋友。这更像是我想象中的中世纪铁匠学徒的操作方式，而不是 20 世纪充满善意的社会工作者的互动方式。”

琼·麦考德的研究表明，社会项目不一定是灵丹妙药。扎克自己的人生经历证明，传统教育体系中较庞大的“社会项目”有时候的确是不合适的，要么是因为传统教育体系出了问题，要么是因为年轻人过于特立独行、无法适应，要么两者兼而有之。说到底，一个人靠自己的努力在世界上独立前进，也能成就有价值、充实的人生。

扎克通过导师指导和自学找到了对自己的信心，培育出自身应对困难处境的能力。一言蔽之，这就是坚毅的品质。无论你怎么看，最能帮你获得坚毅品质的人就是你自己。[20]

现在你来试试！

积极的学习途径

扎克的人生经历非常鼓舞人心，因为它提醒我们，在教育和成功方面并不存在一个一刀切的通用公式。扎克靠着学习让自己摆脱了不良少年的人生，走上了一条更积极的道路。找到适合自己的积极的学习途径可以帮助你在无数方面改善自己的前景。现在是反思你的学习途径以及它们所指向的目标的绝好时机。你的学习目标是什么？怎样才能最好地实现它们？在“学习目标”的标题下面，写下你的一些想法。

第6章

CHAPTER6

新加坡
一个为未来做好准备的国家

帕特里克·泰（Parick Tay）是我见过的最阳光、最乐观的人之一，但他所拥有的不仅仅是积极的性格。

帕特里克有着双重重要身份。作为一名律师，他是新加坡国会中代表新加坡西海岸的民选议员，而他的另一个正式身份有个煞有介事的头衔——新加坡全国职工总会（NTUC）法律服务与PME（PME意为“专业、管理和执行”）部门助理秘书长兼主管。帕特里克来自一个贫苦的中下阶层家庭，在2002年加入新加坡全国职工总会以前，他已经做了许多年警察。

新加坡这座平均宽幅为29千米的小岛上维持着550万的总人口，尽管幅员狭小，但要了解新加坡也绝非易事。在绵延

1120 千米的马来西亚半岛尽头，水界线强硬地把这个小小的城市国家划分了出去，就像一个在句尾断句的标点。新加坡有着多元化的人口，包括华人、马来西亚人、印度人，以及其他族群，他们都怀着对新加坡人这一共同身份的认知而聚集在一起。虽然学校的教学语言是英语，但大多数新加坡人都会说两到三种语言，包括英语、汉语普通话或某种中国方言、马来语或泰米尔语。

新加坡的另一个不同寻常之处在于，除了一个深海港口外，再也没有任何自然资源。这个城市国家甚至没有足够的淡水供人民饮用。一些珍贵的淡水通过堤道运送，从偶尔不那么友好的马来西亚进口而来。而更大部分的淡水则是通过精巧的脱盐技术制成，这项技术由新加坡开发，目前全世界都在使用。

1965 年，新加坡的失业率达到了两位数。劳动力识字率仅为 57%[1]。新加坡像许多第二次世界大战后从大英帝国独立出来后苦苦挣扎的其他殖民地一样，本将陷入文化闭塞的境地。

但新加坡却有所不同。

作为一个欣欣向荣的国家，新加坡目前的失业率为 2.0%[2]，是目前世界上失业率最低的国家之一。新加坡人均国内生产总值高达全球平均水平的 321%[3]。新加坡的孩子们经常在国际学生评估项目（PISA，一项对 15 岁学生的数学、阅读和科学素养进行评估的国际项目）中名列世界前茅[4]。犯罪率非常低，低到父母们能放心地允许青少年儿童在午夜时分的市中心闲逛。当新加坡女性早早地来到当地某家餐馆参加午餐聚会时，她们会先把手提包放在桌子上占座，然后再去洗手间。和许多人一样，新加坡人也抱怨他们忙碌的生活方式和高昂的生活成本，但他们的生活中并没有其他国家人民抱怨的许多弊病。

新加坡成功的一个重要原因可能在于它的终身学习态度和职业弹性。为了探索这一点，并更多地了解帕特里克·泰的见解，我在位于新加坡中央商务区的 32 层 NTUC 中心大楼的 12 楼办公室里会见了帕特里克。这里距离具有传奇色彩的夸张的殖民地建筑莱佛士酒店只有几步之遥，那座酒店的每间客房均配有专属管家。新加坡全国职工总会中心的镜面般的摩天大楼坐落于新加坡河岸边，水湾对面标志性的有着船型楼顶的碧海湾金沙酒店可以一览无余。

帕特里克姿态端正，体魄健壮，是懂得身体健康能引领精神健康的那类人。他那开朗友好的笑容让我立刻放松下来。在开始谈话时，他就说自己已经结婚了，还有三个孩子。奖学金帮助他读完大学，之后他在新加坡国立大学完成了为期四年的法律课程。接受政府奖学金也意味着他必须为国家服务 6 年。他选择了

帕特里克·泰是新加坡国会议员，也是全国职工总会的一位有影响力的人物，他在帮助新加坡以创造性的新方式获得职业弹性方面做出了杰出贡献。图中帕特里克正在健身房里，他的跆拳道已达到黑带级别。

去当警察，而不是人们更常选择的检察官职位。在这六年里，帕特里克专攻国际法和国际商务，并获得了法律硕士学位。

然而，帕特里克有点像一名战士，他总是希望能对他人的生活产生积极的影响。帕特里克一直致力于社区工作和法律服务，经常为穷人们争取合法权益。

在服务期结束后，帕特里克本想成为一名律师，但是由于他积极参与社区志愿者工作，新加坡全国职工总会聘任了他——作为律师，他有他所谓的“深层技能”。

帕特里克于2002年加入新加坡全国职工总会。对于时间流逝如此之快，他感到难以置信，摇头说道：“14年后的今天，我仍在这里为职工总会工作。当你的倡议能够落实并最终惠及他人时，这将带来很大的满足感。受惠的不是5个人或10个人，而是几千人，有时是几十万人。这就是我日复一日坚持下去的原因。”

帕特里克在新加坡全国职工总会的工作经历让他接触了很多行业，包括造船业、私人安保、医疗保健，以及现在的金融业。

帕特里克说：“当我回顾自己走过的每一步时，总将其归结为促进工人们的利益和福利。就业率和就业能力似乎每天都在增加。而我们要做的是把投资引进新加坡，创造好的就业机会和高收入工作。但我们也需要迎合劳动力需求的工作，因为我们的劳动力结构正在迅速变化。”

新加坡是许多发达国家的职业风向标。对教育的重视导致了劳动力向专业人士、经理人和管理者的倾斜。随着总体人口结构迈向老龄化，劳动力也发生了相应改变。“职业过时”化成了不断逼近的幽灵。来之不易的技能、技术，甚至人际关系技能都可能在逐渐失去它们的价值。人们必须掌握新的软件、不同的设备、新颖的管理方法，甚至是与他人互动的不同方式。在传统上，事业一直是你在每一步都徘徊良久的踏脚石。然而，现代职业更像是传送带。无论你处于什么阶段，你都必须不断前进和学习。

帕特里克对选民的关注正如他所解释的那样：“我们需要重新规划我们的工作，我们需要人们提高技能，以承担这些新的工作。每个人都必须在这方面发挥作用，包括工人、雇主、政府，而且在更大的规划中，社会本身也需如此。”

在传统上，事业一直是你在每一步都徘徊良久的踏脚石。然而，现代职业更像是传送带。无论你处于什么阶段，你都必须不断前进和学习。

在新加坡，“三方主义”把事情联系在一起，“三方主义”指的是政府、工会和企业雇主之间的思想交会。帕特里克解释说：“这正是新加坡的关键和独特之处。三方主义并不新鲜，它在国际劳工组织框架下已经存在了很长时间。但我认为新加坡在三方融合方面有自身的独特之处。事实上，今天早上，在我来这里之前，我就在和我们的三方伙伴一起吃早餐，每个星期三都这样。我们讨论的问题和你我现在讨论的是一样的。新加坡是少数几个这样做的国家之一——雇主、政府和工会坐在同一间屋子里交谈。我们有着一个共同的主要目标，那就是发展经济这块蛋糕，而不是试图瓜分它。我们都认识到，我们不应该为了谁得到更大的蛋糕或蛋糕屑而争论不休。”

帕特里克指出，每个人都在其中发挥着作用。通过在一个房间里冷静地交谈，大家能从不同的角度审视问题。工人作为个体需要做什么？一个公司在重新规划工作、自动化、创新和提高生产效率中要负起什么责任？政府如何使工人们发挥他们的潜力？社会本身如何支持社会和政治模式的转变？新加坡深知，如果要有效面对以老龄化和白领为主导的劳动人口，这些问题的解决方案至关重要。

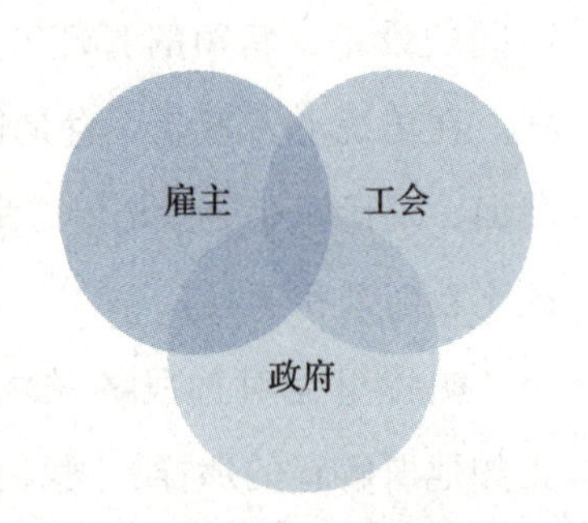

新加坡有一种不同寻常的“三足鼎立”方式，即政府、工会和企业雇主三方共同努力来提升劳动力。不同群体之间的频繁会晤有助于他们建立个人关系并找到共同立场。

帕特里克·泰的秘诀在于他有着简洁易行的解决方案。

职业打造的“T”形与“π”形途径

传统上，职业发展被认为具有T形轨迹。一个人通过培训，深入了一个专业领域，可以是会计、机械工程，或20世纪英国文学。接着这种深厚的专业知识被其他各种次要的“横向”技能，比如计算机能力、人际技能、木工业余爱好所平衡。然而，帕特里克在几年前就开始游说他称之为π形的职业打造途径，即建立两个深度知识领域，并在其他领域以少量的知识和能力加以平衡。

T

在传统上，与在其他地方一样，新加坡的职业发展被认为是一个“T”形的轨迹，即掌握某个“深层”的专业领域，以及许多次要的知识和兴趣领域。

帕特里克·泰倡导的是一种“π”形的职业打造方法，即掌握两个深层知识领域，同时通过其他领域的一般知识和能力来达到平衡。这种职业打造方式也被称为“培养第二技能”，它能在面对社会的快速增长和变化时，增强弹性和灵活性。

在新经济时代，帕特里克清楚地认识到，你不应该只具备一个领域的专业知识。即使你花费了大量力气，在人类可触及的数百万个专业领域中的两个小领域里达到了专业水平，这也是过去的两倍。这两个领域的知识将为你提供更多的选择和灵活性。

帕特里克意识到，在现代经济中，“培养第二技能”对于职业弹性是必要的，它提供了选择和灵活性。当然，如果你已经掌握了一项强大的难以获得的职业技能，比如当医生，你就不可能轻易改行，去掌握另一项同样困难的技能，比如成为律师。但是，无论你的第一技能是什么，你都可以通过掌握某种第二技能来为自己提供保护，而不仅仅是在另一个领域浅尝辄止。第二技能既可以补充第一技能，也可以在个人情况发生变化时作为可替代的选择。帕特里克的方法中隐含着的一点是，我们都可以学到比我们想象中更多的东西。

人们常常错误地认为，只有在像新加坡这样的第一世界经济体内才能够奢侈地实现职业改变。但这是一种错误的看法。新加坡的经济，就像许多第一世界经济体一样，经历了许多高峰和低谷，这样的情况甚至在帕特里克的有生之年中就发生过。在 1998 年爆发了一次经济危机，而 2003 年严重的非典（SARS）疫情导致了又一次的经济危机，使亚洲的旅游业一蹶不振。而 2008 年美国的次贷危机则是另一次打击。

帕特里克指出："随着职业的过时，在两三年的时间里，一项深层的技能可能变得不再有意义，世界是如此瞬息万变，企业一直在缩减规模、裁员、重组和外包。在这种新型的现代经济中，你不能只具备一门深层技能。拥有两项这样的技能，为未来做好准备是件好事。

"例如，那些在银行工作的人，对特定的利基工作类型，或软件类型和使用方法有着深入的了解。但如果这种特定的金融产品或工作变得过时，或者流向海外，那么你就面临着出局。"

我问道，是否每个工人都能掌握两项技能。比如说，一位银行职员能拥有第二技能吗？帕特里克解释道，银行工作人员也需要掌握两项技能。例如，在动荡的银行业，如果一位银行高管未能实现销售目标，他可能是第一个被解雇的人。后备技能是至关重要的，但是培养第二种技能可能出奇的简单，因为有时候，初级技能正是蓄势待发。

例如，有一种特殊的利基市场，帕特里克称之为“关系银行”。这类银行家不仅具备银行技能，还掌握着人际关系技能。而人际关系技能在其他领域也很有价值，比如咨询业和社会工作。由于新加坡的人口老龄化和其他社会挑战，这些领域的人才需求量很大。如果一位精通人际关系的银行家能掌握第二技能，比如与咨询业相关的技能，那他就能投身于高需求的社会服务行业。换句话说，就算发生了金融危机，也会有退路。

新加坡资助各种为年轻人和老年人提供第二技能培训的支持性项目。事实上，那些 40 岁以上的人在获取咨询业务项目资质时，可以获得更多资金，即便他们所获得的咨询类行业认证与他们的工作无关。也就是说，与雇主只为与员工工作相关的技能培训提供资金的情况不同，政府还会为那些个人主动参与的、可能与其当前职业没有直接关系的项目提供资助。整个国家正在向成人继续教育的个人取舍和选择方向迈进。

新加坡在融资方式上的政策是务实的，在一定程度上，这要归功于帕特里克的游说。通过技能创前程（SkillsFuture）项目，每位 25 岁以上的新加坡人都会在虚拟信用账户中收到 500 新元。这笔钱可以用来抵消他们心仪的任何培训的费用，而不仅仅是他们公司希望的那些培训。“你可能认为 500 新元不算多，”帕特里克说，“然而，许多项目已经获得了 80%～90% 的资助。所以，这 500 新元就可以用来填充资金空缺的那部分，而在过去，我们只能自掏腰包。”

> 记得在我就职过的一家公司里，招聘一批人，我看到一篇文章说，甘于做同样一份工作6个月和6年的人之间，往往没有太大的区别。第二技能并不像许多人想的那样困难。技能发展曲线通常是对数曲线，而不是线性曲线。这就意味着，虽然培养深层的专业知识可能需要很长时间，但你通常可以在相当短的时间内加速到收益递减点，而这通常足以让一个人在新的领域立足。就我个人而言，我喜欢去掌握许多技能，因为最初的快速进步令人兴奋不已。
>
> ——布赖恩·布鲁克希尔（Brian Brookshire），
> 布鲁克希尔企业在线营销专家

为什么要出于个人利益，而不是雇主利益去资助人们进行第二技能培训呢？因为这能鼓励员工去进行技能建设：去提高技能、再造技能、发展多技能和获得第二技能，并为雇主创造激励这一过程的资金。

关键性思维转换

第二技能

在当今瞬息万变的职业环境中，拥有第二技能是个好主意。在日常工作中遇到突发情况时，第二技能可以让你更加灵活。

实事求是，爱好还是金钱的诱惑？

帕特里克解释说，第二技能的两个维度，第一个是工作维度。在这个维度中，无论是为了职业发展还是由于失业，第二技能都可以帮助你入门、跨界或升级。你的第二技能也可能随着爱好或兴趣而诞生。

例如，帕特里克一位从事 IT 工作的朋友非常热爱视觉设计和图形设计。尽管他在日常工作中从事后台技术性 IT 支持，但他还是参加了三维设计和图形设计方面的培训课程。目前，尽管他仍是一名 IT 工作者，但他同时也在从事利润丰厚的媒体和自由职业设计的副业。

“所以，你会有工作的角度，还有爱好的角度。”帕特里克解释道。当然，如果你能两者兼备，那就太理想了。

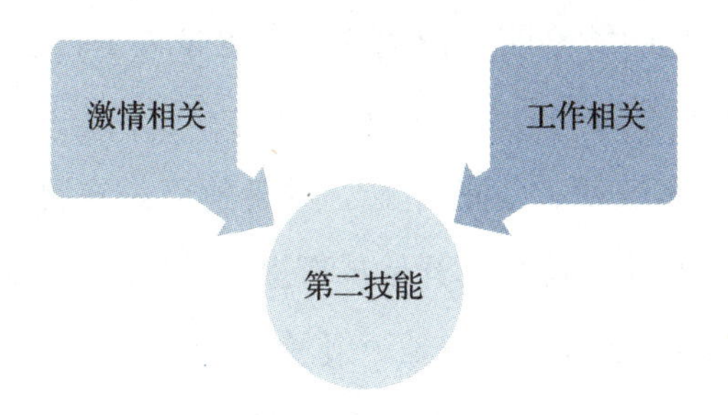

第二技能会从工作需要或自身爱好发展而来。而最佳的第二技能则是在两者兼备的情况下诞生。

从工作角度来看，最好参考一下职业趋势和预测，以了解招聘机会会在何处出现。在新加坡，以下领域在未来 5～10 年内将会迅速发展：先进制造业、医疗保健业和航天业。（新加坡正在将较低级的制造业转移到世界其他地方，这些地方制造成本很低。）人口老龄化导致对医疗保健服务的需求增加，此外，新加坡正计划建造一个航空航天枢纽。

我问道："典型的机械工程师呢？他应该选择怎样的第二技能？"

帕特里克说："工程师的思维是遵循逻辑，并且以过程为导向的，所以他们可以在任何上述高需求领域中发展第二技能。因此，如果你是一名精通隧道挖掘和地下采矿的工程师，实际上，你可以通过少许第二技能的培训，来改善医疗保健供应链。"

当然，当第二技能变得重要的时候，往往也是你开始组建家庭的时候。如果时间紧迫，人们该如何安排第二技能培训？帕特里克给我举了他的两个朋友成功的例子，这两人都非常热爱摄影。

帕特里克的警察朋友把他的家人也带入了自己的爱好中，他拍下了孩子们在行动中的好看的照片和视频，并在 Facebook 上收获了许多鼓舞人心的评论。尽管他已经在警察局工作了 15 年，但他仍决定辞职，开始从事摄影方面的自由职业。

一位 IT 行业的朋友也是一开始以拍照为乐，接着在工作了 7 年后离开了计算机行业。和那名警察一样，他已经成为一名职业摄影师，拍摄活动、婚礼、静物和大自然的照片。现在，他正在组织人们去世界各地旅行采风。

帕特里克说："他们的业余爱好的行为变成了一种激情，最后改变了他们的职业生涯，就连我自己的人生也是如此。"帕特里克曾在当地大学的一些本科生项目中举办过关于就业法、劳动法和劳资关系的研讨会，当时纯粹是为了好玩。而且，他还是一名有资质的游泳教练和跆拳道教练。

我冒昧地告诉帕特里克，他的职业生涯其实并没有采用 π 形途径，而更像梳子的形状。但我明白帕特里克的意思，(尤其是在时间和金钱都很紧张的情况下）你应该试着在你已经熟悉的东西之外发展你的第二技能。你通常比你想象的更有天赋和能力。第二技能并不一定要成为一门职业，它也是对你擅长多方面不同事物能力的尊重。

蘑菇，烟囱，等等

用几何方法来思考职业生涯很有用。除了 T 形和 π 形途径之外，另一种可能性是蘑菇形途径，就是那种有着粗壮的茎干和宽阔伞面的蘑菇。以美国销售企业家罗德尼·格里姆 (Rodney Grim) 为例，他不仅专注于销售电子产品这一广泛行业，还在该行业的许多相关领域都保持着竞争力，当他发现机遇时，他就会从一个领域跳到另一个领域。罗德尼曾是一名海事技术员，之后成为一名陆上移动电话技术员，接着他从事陆上移动电话销售工作，后来又为一家制造商工作。然而，目前在经营自己公司的同时，罗德尼还有来自许多不同行业的客户，他的"第二"编程技能经常能派上用场。

这就类似于著名连环画幽默家史考特·亚当斯（Scott Adams）——《呆伯特》(*Dilbert*）的作者——描述的"天赋叠加"法[5]。亚当斯并不是一名多才多艺的艺术家，然而他将许多通常很平庸的才能结合起来，才成为一个强大的叠加型人才。正如他自己所描述的那样，亚当斯是一名二流艺术家，拥有尚可接受的写作、商业、营销和社交媒体技能。然而，把所有这些中等水平的技能结合在一起，就可以更清楚地说明为什么亚当斯会成为一位如此成功的漫画家。

许多人专注于掌握一种特定的技能（比如说某种编程语言），但却忘记了其他技能可以为他们的天赋增加很高的价值，比如如何幽默而有效地说话。

除了“T”形和“π”形途径，还有其他的一些形状可以用来帮助想象职业生涯。“蘑菇”形意味着拥有广泛的能力，并且所有能力都有广泛的专业知识加以支撑。

著名的《呆伯特》的作者史考特·亚当斯描述了如何用“天赋叠加”法去理解职业生涯的成功。人们总是忘记，成功的职业生涯所应具备的东西远不止某个特定领域的专业知识。

尽管帕特里克理解并欣赏挣钱过上舒适生活的做法，但那些仅仅基于最高工资去进行职业选择的人是最让他嗤之以鼻的类型之一。“人们经常把银行业和金融业视为诱人的行业，因为他们看到这些人开着法拉利、兰博基尼等豪车，过着奢华的生活。”他指出，银行业是有空调的，这在闷热的新加坡是一件了不起的事，而且你可以打高尔夫球、喝葡萄酒和赴宴。

然而，事实证明，这个行业并不像许多人想象的那么乐观。帕特里克说：“我想说的是，可能只有 1‰ 的人能过上奢华的生活。”人们被要求每周、每月和每季度都能达到关键的业绩指标，“而出局的风险总是存在的，这一行业的环境就是这么残酷”。

“从新加坡国立大学工程学专业毕业的学生，最终有一半不会成为工程师，”帕特里克说，“由于接受过培训，大数据管理和数据分析管理对他们来说变得更简单，工程师们可以在银行业和金融业找到一份轻松的工作。他们的办公室很豪华，起薪很高，远高于当工程师。可以说，这就是富人和名人的生活方式。但这从来不像他们想象的那么轻松。”

跟许多职业生涯中经常出现的问题一样，一方面，在这里乐观的期望常常迎头撞上严酷的现实。而另一方面，根据最简单的定义，在特定领域里不是每个人都能够达到前 2% 的水平，也并不是每个人都需要成为顶尖人才才能在这个领域里找到成就感。

防止早期事业失败

当你 22 岁的时候，你真的能决定你的整个余生吗？职业生涯有时会偏离轨道，只因为人们不得不在很年轻时就做出职业选择。人们会认为，把择业推迟到稍年长时再进行就能解决问题。但事实恰恰相反，这种拖延可能会导致一系列其他问题，尤其是当一项职业需要长期培训时。

因此，新加坡正在试图解决择业问题，并尽早地引入职业咨询。这样，学生们能对他们所梦想领域的现实和需求有更深入的了解。新加坡为此采取的措施包括“学习之旅”、实习和在很年轻时就开始的职业情感培养。像nEbO这样的青年团体项目会为特定的公司和行业介绍来自高中及以上受教育程度的年轻人。帕特里克解释说，这有助于人们“避免毫无心理准备地闯入充满挑战的行业中”，也能最大限度地缩小学校和职业之间的期望差距。

然而，无论如何进行与职业相关的学习，总需要做一些权衡。例如，如果青少年被锁定在某条职业道路上时只有16岁，那就太过年轻了。然而，如果不知道某一职业的真实情况，他们在大学毕业后更有可能感到不满意。

我对此很理解，并且问自己：在校期间让学生尽可能长久地拥有各种广阔的职业道路选择，是不是会更好？还是说，应该鼓励他们早早地认定那些看起来更适合他们的领域？

为了回答这些问题，我沿着街区走到了新加坡政府大厅。

宏观视角

吴纯瑜（Soon Joo Gog）博士是“新加坡技能创前程计划”（SkillsFuture Singapore）的首席研究官和集团主管，这是新加坡教育部下属的一个法定委员会。吴纯瑜是一位身材苗条、精力集中而充沛的女性，她对学习能够且应该如何进行有着深刻的思考——不仅从个人的角度出发，而且通过那些促进繁荣的政府政策来进行。她一直在努力培养新加坡各个民族终身学习的愿望。

新加坡有着300万劳动人口，这一规模对于吴博士和她的团队来说太大了，难以触及全部人口。因此，该团队与雇主、行业协会和商会、工会以及教育培训供应商（如大学和职业机构）达成合作，通过学习来培养应变能力。

吴博士身材娇小，容貌年轻，与她惊人的才智形成鲜明的对照。作为“新加坡技能创前程”机构的首席研究官和集团主管，她带领新加坡不断努力构建一个学习生态系统，使人们能增强自身能力。理解终身学习的益处也是这一过程的一部分。吴博士的身后是新成立的新加坡终身学习学院，不同的楼层分属截然不同的领域，分别为零售、早期教育、信息、通信和技术等行业提供培训。新加坡在促进成人学习和培养职业弹性方面投入了大量资源。

“这种应变能力是至关重要的，”吴博士指出，“因为从技术到经济，再到社会和政治结构，变化是我们将在未来看到的唯一不变的因素。变化正在加速，所以我们需要培养应变能力，以继续保

> 职业决定了我们在生活中的身份，但仅仅追随你的爱好是不够的，抱负必须与机遇相匹配。
>
> ——吴纯瑜

持自身的价值。”

匹配抱负和机遇

“职业决定了我们在生活中的身份。”吴博士说道。与此同时，她也明白，在追求事业时仅仅听从激情的召唤是不够的。她说：“抱负必须与机遇相匹配。”

吴博士与其教育培训合作伙伴的部分工作内容是提供职业方向信息，使人们能够与雇主联系，并从他们所在的行业过渡到他们想去的行业。为此，技能创前程机构和新加坡劳工局一直致力于为个人和雇主建立一套指导系统，让他们能发现劳动力信息，进入职业信息库、获取技能档案和课程目录。该系统将满足人们在其职业生涯各个阶段的需求，以帮助他们寻找学习机会和新的潜在工作机会。利用政府建立的机构，如e2i（就业与就业能力研究所）和“校准链接”（CaliberLink）等项目，人们可以与那些全职就业顾问取得联系。当人们失业或有提升或跳槽到新岗位的计划时，这些顾问能为他们提供职业咨询。雇主们可以在职业信息库中寻找最合适的候选人。

直到面前的那壶茶凉透了，吴博士和我都没动过它，我们都在思考自己的职业生涯。我们的事业都源于一种偶然的机会主义——当初我们在做出择业选择时，碰巧遇到了某个人，以及碰巧从有限的书籍和杂志上读到了某些东西，而互联网改变了这一切。

吴博士惊叹于目前的求职者能获取如此多的信息。如果你喜欢音乐，想去了解成为作曲家、演奏者或高级音响技师是一种什么样的体验，这会比从前容易得多。只需点击鼠标，我们就能从其他人的经历中了解到很多东西——没有很多事情会取决于偶然性。

据吴博士估计，大约有 80% 的人可以在教育体系中自我导航，从而进入自己的职业生涯。但是，那些遇到职业转折点的人，被解雇或下岗后，就觉得所有的门都关上了，有时感到绝望。她指出，问题的一部分出在他们自己的心态，“人们通常认为他们只能做过去做过的事情。但是，如果人们能洞察到许多可发展的机会，他们就不会感到如此无助和愤怒”。

正如吴博士的同事黄美美（May May Ng）后来所指出的，新加坡在职业资本和职业弹性方面采取的措施可能更像是一块跳板，而不是安全网。“安全网有时可能是有用的，但它们也可能成为陷阱。我们采用的方法更像是蹦床。人们可能不得不在聚精会神做准备的时候跳下来，但最终，利用自己的力量，他们可以跳得很高。”

由于新加坡是一个小国，所以政府努力将重点放在高速发展的产业上。制药研究和开发至关重要，同时还有物流、货运、信息、通信和技术等领域。其他领域包括网络安全和软件编程、旅游、医疗保健、社会服务和教育业。

从统计数据来看，在新加坡换工作似乎很容易，毕竟新加坡的失业率一直徘徊在 2.0% 左右。但这有一定的误导性。在诸如零售业、公共汽车服务台等对技能要求最低的低薪岗位上，换工作是很方便的。但一个职位所要求的专业知识越多，更换工作就越困难。在某些领域，如工程业，雇主们要求具有相关工作经验，这就限制了求职者。

> 安全网有时可能是有用的，但它们也可能成为陷阱。我们采用的方法更像是蹦床。
>
> ——黄美美，新加坡技能创前程机构经理

新加坡人的做法不仅仅是为了拥有充满活力的经济，更是为了创造和拥有优质就业岗位。吴博士评论道："一份优质工作不仅仅和工资挂钩。它需要自主决策的机会，用于改善工作并提高升级技能的便利性。这关乎职业身份。"

吴博士为新加坡人的前景而感到兴奋。她回顾了经济学家约瑟夫·熊彼特（Joseph Schumpeter）的观点，以及劳动力发展体制如何鼓励人们从经济的"创造性破坏"中获益。"我们机构的工作是帮助整个体制发展演化，而不仅仅局限于职业教育体系或是大学。重点是要创建和培养一个技能生态体系，让人们得以提高自身能力。"

"职业资本"在这一切中发挥着作用。乔治城大学计算机科学教授，同时也是《优秀到不能被忽视》（*So Good They Can't Ignore You: Why Skills Trump Passion in the Quest for Work You Love*）一书的作者卡尔·纽波特（Cal Newport）指出："职业资本是你拥有的罕见而宝贵的技能，是可以用来界定你的职业生涯的杠杆。"[6]

但是，吴博士对此做了进一步的阐释：“有时，你无法说自己学习是为了工作还是休闲，因为你永远不知道什么时候它会派上用场。比如，接受过书法和排版训练的史蒂夫·乔布斯（Steve Jobs）——他从未想过这将成为苹果的特色之一，而苹果的字体总是那么令人赏心悦目。”

关键性思维

重大变化亦有可能

人很容易陷入一种思维定式中，认为你只能做自己过去做过的事。但是，如果你敞开心扉挖掘潜力，则巨大的变化和成长都是可能的。

在机会均等的摇篮中自强不息

对于新加坡的措施来说，至关重要的是赋予个人以权力，以确保每个人拥有平等的成功机会。这听起来很理想化，但作为一个小国，新加坡能够有效地协调关键利益相关者，从学校到家长、社区、雇主，再到行业。

吴博士微笑着回忆起最近她儿子学校里的项目，然后指出：“人们有时会误以为新加坡儿童在 PISA 考试中的出色表现反映了他们死记硬背的简单学习习惯。但是 PISA 实际上是对解决问题能力的一项测试，而不是死记硬背。在新加坡，孩子们不仅学习客观事实和学科知识，在教育的每一步，他们几乎都会接触到可称之为“深层思考技能”的层面。例如，文学需要分析技能——分析背景和情景。孩子们得弄清楚一个故事在更深层次上对我们说明了什么。在基础水平上，数学讲究的是解决问题。孩子们得了解如何运用逻辑思维，以及该如何提问。文学、数学、科学都绝不仅仅是关于学科本身。一门学科教给我们的关于与生活进行深层次互动的东西也很重要。”

吴博士解释说，要更宏观地看待一个学习体系，而不仅仅是一个学校系统，这需要将家庭和社区纳入考虑。学习是在整个国家和文化的背景下进行的，每个国家都有自己的社会经济契约，这也定义了父母的参与方式。

技能对于新加坡具有重大战略意义。这意味着不会由学校来单独决定哪些技能、课程和教学方法适合推动和支持商业增长。新加坡的教育体系不是一成不变的，而是在不断更新。学院和大学经常与企业进行合作，确定新兴技能组合，以便学生和毕业生总能获得最新、最有用和最重要的技能。但这并不代表新加坡忽视了艺术和人文学科。事实上，多元语言的文化遗产编织在这个国家的结构中，保证了对多元视角的欣赏。

在新加坡，较低年级阶段的教育是免费的，在大学阶段，75%的教育有很多奖学金之类的补贴，但财政对教育的支持只是大局的一部分。父母对教育的支持通常是强有力的——吴博士认为这是关键。此外，社会对人们能努力工作也抱持一种固有的期望。

吴博士对其他教育体系的看法是：“美国的教育系统与众不同，因为在那里，州和城市在教育方面有很大的发言权，美国没有标准的做法。有些城市极其成功，有些则不然。要改造一所失败的学校很困难，因为你需要改造整个社区。”

对于那些在学校遭遇重大挫折的少部分学生，新加坡会为他们提供多种系统化的支持方式，这些挫折包括患上严重疾病、父母去世或遇到学习障碍。例如，北光学校会招收新加坡范围内“小升初考试”不及格两次以上的各校学生。北光学校的老师采用创造性的学习方法来培养学生的信心和激情。比如，在课堂上，如果学生有疑问，老师就会让他们把面前的卡片从绿色面翻到红色面。积极的学习方法和强化训练也有助于家长参与。在北光学校，也有着一个勤工俭学项目，在这里，职业顾问将帮助一些有学习障碍的学生通过职业学习来进入职场。

“教育绝不只在于学校，而在于如何建立教育生态系统，”吴博士指出，“我们正在努力确保每个人都有一条不断进步的道路。”

关键性思维转换

培养终身学习态度

终身学习态度可以在社区、国家和文化中得到培养和发展。

全面学习

把包容性作为学习的一个关键层面不仅仅是在口头上说说

而已。“技能创前程”机构同合作伙伴及社区达成紧密合作，向人们展示终身学习如何能成为他们生活的一部分。在我造访吴博士后的那个周末，他们举办了一个终身学习节，旨在培养人们在休闲和工作中能够随时随地学习的心态。

和许多国家一样，新加坡的教育体系并不完善。据说，一些新加坡人认为这样的教育体系是造成他们通常不如西方人有创造力的部分原因。而其他新加坡人则默默表示，他们擅长考试、记忆和解决问题，但不擅长“跳出思维框架”和寻找新的解决方案。[7]

和世界上其他的考试密集型教育系统一样，新加坡的教育体系可能会扼杀创造力，这也许是因为这种体系没有将额外的技能赋予那些最有创造力的学生，导致他们无法克服某些可能会伴随着创造性思维产生的学习障碍。

毫无疑问的是，新加坡正在采取积极措施来解决关键问题，例如过分强调能决定个人生活和职业的“一考定终身”的测试。最近，新加坡宣布成立新的未来经济委员会，由新加坡最优秀和最聪明的人领导。它的目标是带领新加坡渡过一个“VUCA”型的未来——不稳定、不确定、复杂和模棱两可的未来。[8]

吴博士解释说：“新加坡一直在进步。我们从不认为自己已经达到了目标。一旦我们知道自己一直在进步中，我们就会去做下一件最该做的事情，一次又一次。”吴博士总结道：“新加坡是一个在不断学习的国家。”

现在你来试试！

拓展你的学习工具

新加坡有一种鼓励继续学习和获取第二技能训练的独特方法。你可以如何运用新加坡的一些思想来保持继续学习的态度呢？你已经具备了第二技能吗？如果没有，你会选择在哪个领域发展第二技能？你可以如何来拓展你的学习工具？在“技能拓展”的标题下，把你的想法写下来。

第 7 章

CHAPTER7

构建平等的教育竞赛场

在邱缘安（Adam Khoo）九岁的时候，他因为打架，被小学开除了。在整个初中阶段，邱缘安的成绩都是垫底的。在课堂上，他很难集中注意力。

有些在学校表现欠佳的孩子会为自己辩解，说自己实际上非常聪明，只是教材过于无聊，他们不想学罢了。但邱缘安从没有这样说过，对他来说，学习是真的很困难。比起听老师讲课，他更加不喜欢看书，因为一看到书，他就想睡觉。

更糟的是，邱缘安的父母在他十几岁的时候离婚了，他发现自己凭空多出了一个姐姐，而且姐姐还是一名尖子生。姐姐上了新加坡的一流学校，而他则上了一所垫底的学校。“为什么你就不能向凡妮莎学学呢？你就不能像你姐姐一样考全 A 吗？”这样的话他听得耳朵都要长老茧了。

从那以后，他经历了很多改变。我在邱缘安位于新加坡市中心的办公室里见到了他本人，此时他已经 41 岁了。邱缘安现在是个百万富翁，也是东南亚最大的教育培训机构之一——邱缘安教育科技集团的创始人兼执行主席。虽然邱缘安已经是有名的业界巨头，但他本人却非常和善，他希望能就自己早期的艰苦奋斗经历和使他改变人生道路的原因，分享自己的见解，从而激励他人。

我喜欢去新加坡旅游，因为新加坡到处都使用英语，对于一个西方人来说，非常容易找到方向。例如，邱缘安的母语就是英语，他在努力学习普通话时遇到过种种困难。

但是，新加坡有一个方面总是让西方人想不通，那就是竞争的激烈程度。在新加坡或者是东方其他一些地方，人口密度非常高，这就意味着不管做什么，你都会发现自己在跟几十万，甚至是几百万人竞争，这些人通常和你有着同样的目标。

与世界上的许多其他地区一样，在亚洲，人们心目中的成功常常与物质上的成功联系在一起，比如说社会地位高的工作、高薪水，以及良好的受教育程度。父母会给孩子们很大压力，希望他们成为医生或者律师，尽管并不是每一个孩子都适合这些学科，而这个世界也不仅仅需要医生和律师。

数学和科学这两门学科对于成绩的成功而言非常重要，所以父母敦促自己的孩子们在数学上出类拔萃，这样孩子就能考上一流大学，找到一份赚钱的工作。新加坡一直在努力改变人们的观点，比如，证明艺术家和运动员这类职业可能和工程师一样有价值。但是改变旧思维是一个很漫长的过程，特别是当人们考虑到经济现实时。总的来说，像作家或音乐家这种更“有趣”的工作往往更难谋生。

13 岁时，邱缘安重建思维模式，获得强大的学习新技巧，从一个无可救药的失败者变成有名的成功人士。现在，他开了一家公司，致力于帮助人们在人生中做出类似的成功改变。

学校竞争尤为激烈。标准化考试就像是一场赛跑，让几十万名学生一起排在起跑线上，枪声一响，比赛开始，最后只有以极微小优势抢先冲过终点线的少数孩子才能得到奖牌。正因如此，学前准备堪比军备竞赛，孩子们开始学习的年龄越来越小。曾经，学生如果能在剑桥 A 级考试（决定学生能上哪所大学的大型考试）中取得 4 个 A，那就是最厉害的尖子生了。现在，学生需要考到 7 个 A 才行。

新加坡正在努力减轻这些考试给学生带来的压力，也在改革考试本身，以促进更加开放的思考和学习方式，但这套考试体系仍然非常严酷。然而，在其他一些并不像新加坡这样想有所改变的亚洲国家，考试制度可能更加残酷。几百万名学生一起竞争一流大学的寥寥几个名额。那些分数不高的学生只能去上声望较低的地方性大学、专科学校，或者职业学校。有许多学生中学毕业后就没学上了。

与亚洲其他地区一样，新加坡的“好”学生往往从小就会进入快班。这样做是有道理的，可以让班级的学习进度更加适合孩子们。但是在亚洲人的面子文化理念中，孩子被分到什么班非常重要。这给学生带来了双重负担。如果你的考试成绩不理想，那你不仅对不起自己，而且还对不起家人，让他们在别人面前丢脸了。除此之外，考试成绩差还有另外一个坏处：如果你被分到了最差的班级，那你就要和一群不想学习的捣蛋鬼在一起，这样的话，你就更难专注于学习，也会更不自信。另外，你也不可能接触到最优秀的老师。于是，你会不断告诉自己：我永远不可能像那些“好学生”一样优秀。

一旦你的学习开始走下坡路，那就似乎无法改变了，所有的一切都在把你往下推。

但事实上，即使你是慢班中的“差生”，也是有可能扭转局面的。

现在你来试试！

获得成功的思维技巧

你是否感觉跟不上激烈竞争的节奏？这一章会教给你许多思维技巧，帮助你重返赛场。你能猜到这些思维技巧可能是什么吗？在“思维技巧”的标题下，写下你的想法。

邱缘安：重启人生

邱缘安是所谓的“挂钥匙的儿童”[⊖]——在新加坡，有数万名这样的孩子。当邱缘安放学回家后，甚至没有人会问问他的情况。他本人觉得这样再好不过了，因为他只想玩视频游戏。他对上学没有一点兴趣，对此，他的父母非常沮丧，因为他们花了很多钱请辅导老师给邱缘安补习功课。

邱缘安故意在补习时东跑西窜，无视老师想要教他的知识，从而赶走辅导老师。至于学校考试不及格，他完全不在乎。除了视频游戏，以及漫画书和电视，他还喜欢和朋友出去乱逛并寻衅滋事。邱缘安渴望关注，总想要出风头。如果不能在好的方面脱颖而出，他也不介意在坏的方面引起他人的注意，比如和别人吵架或是加入其他不良少年的恶作剧团体。

邱缘安的父亲是商人，很有爱心，但在如何鼓舞和激励儿子这方面束手无策。邱缘安的妈妈是新加坡最杰出的记者之一，是一位事业极其成功的职业女性。她也非常有爱心，但同样不知道如何帮助自己的儿子。当邱缘安发现自己数学很差的时候，他妈妈会摇摇头对他说：“我觉得你是遗传了我的基因。”

“懒惰又蠢笨，这就是我的标签。”邱缘安说道。表面上看确实如此——邱缘安率先承认自己是一名学习迟缓者，而学习迟缓又使他想逃避学习。但邱缘安当时并不知道，有许多思维

⊖ 原文为“latchkey kid”，指因父母外出工作，所以放学后独自在家、无人照看的孩子。——译者注

技巧可以帮助他克服自己因为“非达标”智力而造成的缺陷。他后来的成功说明：一旦他克服了这些障碍，他就可以开发自己的大脑优势了。

现在人们普遍认为，励志青年营项目不会给学生的人生带来任何实质性的改变。但早在 1987 年，这些项目中的一个项目就成功改变了当时才 13 岁的邱缘安的人生。这个项目是亚洲第一个该类项目，叫作“超级青少年集训营”。

“在那里，我接触到人类潜能开发的理念。”邱缘安说，“我们生来都是天才。不存在失败，只有一次次的学习实践。那些彻底改变了自己人生的人给了我很大鼓舞。”

邱缘安一边坐在椅子上前后摇晃，一边若有所思地叩击面前的桌子。他的注意力是跳跃式的——他的聪明才智不一定会体现在传统理性按部就班的组块上。难怪墨守成规的教育模式几乎要将他扫地出门。

“在超级青少年集训营中，我学会了一些记忆技巧，比如形象化和联想。我会和朋友们打赌说，‘你们写 50 个单词，我可以在 5 分钟之内记住它们。我们赌两元钱’。于是，我获得了一个新的身份——天才。但其实我只是使用了我学到的那些技巧。”

邱缘安非常具有创造力，他喜欢幻想、画画、看漫画和听音乐。对他来说，一直盯着书本看是非常无聊的。但是他在集训营中学会了一种叫作“思维导图”的技巧，他可以选取课本上的内容，然后用一种非常形象的方式，比如可以激发记忆的漫画，来把这些内容重新组织起来。

这个项目不仅仅给予了他一些学习工具，它还激励他要有远大的梦想。他的老师曾经问他：“你以后是想碌碌无为还是想做一番大事业？”

“我想做一番大事业。”邱缘安回答。

“如果你想做一番大事业，”老师说，“就要制定一些以你现在的能力水平无法达到的目标。你需要一些能促使你努力成长的目标。”

这番话给了邱缘安很大的启发。

于是，他制定了一个遥不可及的目标。那年他 13 岁，他给自己定下了考上维多利亚初级学院的目标，这是新加坡的顶级初级学院之一。然而邱缘安就读的中学并不是很好，事实上，那所中学里从来没有一个学生考上维多利亚初级学院。他的老师告诉他，这个目标纯属异想天开。

邱缘安说：“那时候，我身边的人就是我人生的最大障碍之一。”每当周围的人听说他的目标，都会冷嘲热讽：“你疯了，这是不可能的。”当他的父亲知道他的梦想是考上新加坡国立大学的时候，他只是说：“做梦。”可邱缘生性叛逆，人们越是告诉他这个目标不可能实现，他越是坚持自己的想法。

除了这些以外，邱缘安还有另一个梦想，那就是创立自己的企业。他每天都在用幻想建设这个梦想。上中学的时候，他会给自己画名片，名片上写着“邱缘安，董事长”。他梦想成为有头有脸的人物，这个梦想一直激励着他。他的房间里贴满了自己的目标："初级学院，我来了！""新加坡国立大学，我来了！"甚至还有一张便利贴上写着"我是赢家"。

邱缘安的成绩开始在班级名列前茅。他的地理老师始终想不明白，她以前的这个"坏"学生是怎么一回事，但她深深懂得，应该好好利用天赐良机。所以，她在课上请邱缘安给他的朋友们讲讲他最近都在做些什么。

邱缘安开始写文章，关于如何制定目标、如何管理时间、如何保持动力，等等，然后把这些打印出来，分发给朋友们。其他学生开始仰慕他、敬佩他。他获得了一种新的身份，对此他非常开心。从那时候开始，他发现了自己的激情所在：他的使命就是激励他人。

邱缘安学习速度慢，所以才在班上落后，为了克服这个缺陷，他开始在前一天问老师下节课要教授的内容，然后自己提前阅读这个章节，并且画好思维导图。等到第二天听老师讲课的时候，就等于二次学习，这样他就能更好地理解那些内容。在课上，他会提出很多问题，然后把这些信息添加到自己的思维导图上。另外，他还会画许多有趣的漫画来帮助自己记忆。

他学习非常刻苦，尤其是在学习数学的时候，因为他在数学方面没有天赋。在上初级学院的时候，尽管数学对他来说非常难，他还是选择了这个专业，当然也有可能就是因为数学难，他才会选择数学。另外，普通话对他来说也非常困难，但在那个年代，不会普通话就不会有大出息。普通话对邱缘安来说似乎是一门不可能掌握的语言，但他用了自己一半的时间去学习汉字和普通话读音。在很多个月里，他参加了一次又一次重要的普通话考试，但每次都不及格。终于有一次，他考了一个 D。他开心地说："突然间，我看到了一丝希望。然后我继续努力学习，再次参加考试，最后我考到了 C，终于有资格上初级学院了。"

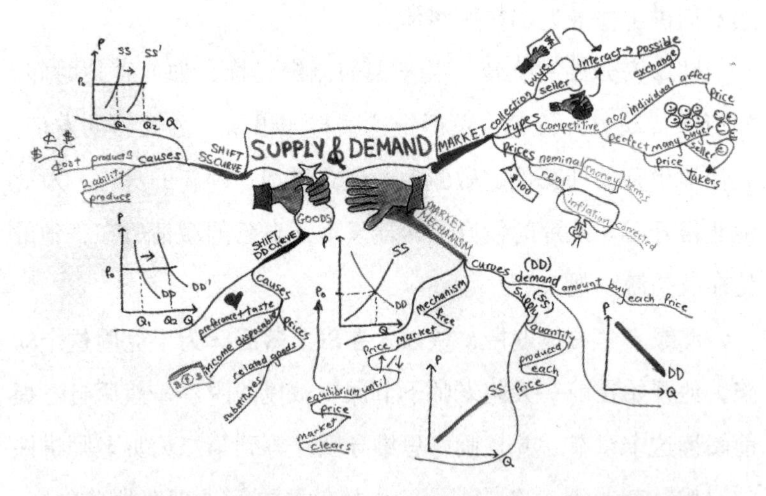

这是邱缘安在初级学院里画的一张思维导图。把学习内容的重要概念写下来有助于他记住和理解这些内容。注意，有各种图画嵌在整张思维导图中——研究证明，这种草图可以帮助你提高学习和记忆相关概念的能力。[1]

与此同时，他就像是在施展魔法般，成为一名极高效的时间管理者。通常人们会浪费许多零碎的时间，比如坐在公交车上的时间、等待老师来上课的时间，以及坐在马桶上的时间，等等。而邱缘安充分利用了这些时间，因此在一天中能比别人多出两到三个小时。他随身携带书本，一有空闲时间就学习。

在课间等待老师来上课的时候，他会整理上节课的笔记。

“我太想成为尖子生了，以至于每次全家旅游的时候，只要我爸爸停下来去一个商店里买东西，我就会找一张长凳，开始画我的思维导图。对了，我之前说过我还谈了一个女朋友吗？”

正在做访谈记录的我抬头瞥了一眼，忍不住笑了，说：“所以，你获得了积极的心态和一些学习技巧，发现了使学习更高效的方式，接着所有的事情就都开始往好的方向发展。可以这样总结吗？”

“是的。但这个过程需要倾注非常多的努力。比如，当我刚上初中的时候，数学老师打电话给我妈妈说，‘你儿子的数学太差了，他应该连小学都毕不了业，根本不该上初中’。”但是，因为邱缘安太想在初中考到 A 了，所以他重新学习小学课本，做所有的练习题，确保自己真正明白了基本概念。这个过程非常艰辛，根本不是什么轻松的奇迹。邱缘安的姐姐可以自学数学的新章节并即刻掌握其内容，而邱缘安却要付出非常大的努力，一遍又一遍地读，直到自己终于能看出点门道来。

邱缘安知道，自己经常会认为已经会做一道题目了，但在考试的时候就会想不起来或者犯一些粗心的错误。“所以，即使我知道一道题该怎么做，我还是会遮住答案再做一遍。再遮住，再做。”邱缘安说道。他会反复这么做，直到自己能无比流畅地做出这道题来，使这种能力变成了一种下意识的反应。

五大提升学习能力的思维转换方式

1. 画出生动的思维导图草图，让所学材料变得栩栩如生。
2. 通过形象联想来记忆。
3. 巧妙利用经常被忽略的零碎时间，比如坐公交车的时间。
4. 反复练习难题，直到可以轻松地做出来。
5. 利用所学内容想象一个成功的未来。

好成绩背后的秘密

邱缘安使用的学习方法，即“反复操练直到成为潜意识”，已经获得可靠的神经科学的支持。心理学家阿萨尔·斯科拉（Asael Sklar）和同事们在《美国国家科学院学报》(*Proceedings of the National Academy of Sciences of the USA*）上发表了一篇文章，叫作《在无意识状态下阅读和做算术题》（*Reading and Doing Arithmetic Nonconsciously*），它使许多人看到，人可以在下意识状态下进行多步骤的复杂算术等式运算。[2]

有一项叫作 Flash Anazan 的技巧可以教儿童进行快速加法心算。我们所说的“快速”，指的是快到“吓人”——一些三位数，甚至四位数在屏幕上一闪而过。比如，“3492”这个数字在屏幕上一闪而过，随即被“9647”代替，然后是“1785”，等等，与此同时，儿童们一边看一边进行加法心算。[3]孩子们非常喜欢这个技巧。刚开始学习这一技巧的时候，他们用手指敲打桌子，就好像面前有一个算盘。[4]渐渐地，孩子们学习让手保持不动，只让大脑飞速运转。

对于一个没有接受过专门训练的人来说，在两秒钟内，他甚至很难看清在屏幕上闪过的 15 个三位数（对，就是两秒钟），更别说让他在这么短的时间内把它们相加了。但通过训练，这是完全可以做到的，而且这样的训练会带来很大的好处。心算可以教学生在做加法时使用大脑的视觉神经和运动神经——这种思维过程和光用笔在纸上进行计算时非常不同。[5] 会心算的孩子在脑海里做算术的过程能达到极其流畅的程度，他们甚至能一边做心算一边玩一种叫“接龙”（shiritori）的文字游戏，即用前一个词语的末尾字作为开头，组成新的词语。看起来，口头接龙游戏和心算使用的是大脑的不同区域。[6]

程序流畅是大脑自动思维的一种体现，如果你之前反复地做某一件事情，就会达到这个程度。例如，你可以轻松随意地倒车（但你第一次倒车时根本不会觉得有那么简单！）、在跳舞时完成一次旋转、毫无瑕疵地说出一段绕口令，或是演奏钢琴协奏曲。在数学方面，这可能包括轻松地将两个数字相乘，或者是进行更高级的运算，得出微积分中的导数。

练习能够帮助你构建完善的神经网络，这是思维流畅的基础。这些事先构建好的四通八达的神经网络叫作“记忆群组”，当你以后要做一件很困难的事情时，你可以很轻松地回忆起这些记忆群组。[7] 这些整合完善的记忆群组构成了部分的、有时甚至是全部的无意识思维方式，使人们能够轻松地将思维模式装进工作记忆中。神经记忆群组有一点像计算机子程序，当你需要的时候就会想到它，但你并不需要考虑它是怎么工作的。

心理学家安德斯·埃里克森（Anders Ericsson）对专业技能的培养进行了数十年的研究。[8]他发现，当人们想学习新东西或者想在已经熟练掌握的技能方面更进一步的时候，“刻意练习”（即集中精力练习学习材料中最难掌握的部分）可以帮助他们以最快的速度取得进步。

比如说系鞋带这件简单的事情。当你刚开始学习系鞋带的时候，你必须非常集中注意力，并使用你的工作记忆。到后来，系鞋带就变得非常简单和自然了。你甚至还能一边系鞋带，一边给别人讲一个复杂的笑话呢。你只需想到要“系鞋带”，你大脑的潜意识部分就会自然而然地去系好鞋带，而你的工作记忆则用在了讲笑话上。这种训练有素的记忆群组能让我们的生活变得更加轻松。如果你见过技艺精湛的针织工或者手工钩编工在聊八卦的同时熟练地在毛衣上钩织出复杂的图案，你就知道群组化专业技能的好处了。

认知负荷理论在20世纪80年代末首次被提出，近期的神经影像研究进一步证明了这一理论。该理论假设，当你的工作记忆超过负荷时，你的大脑就无法处理信息了。[9]神经影像显示，不管在什么领域或者针对什么话题，当人们逐渐培养起自己的专业技能时，大脑中与工作记忆相关的区域似乎就会减少活动，不再那么兴奋。[10]一般来说，形成记忆群组（那些通过反复练习和程序流畅性形成的根深蒂固、四通八达的神经模式）似乎的确能够将思考过程从负责工作记忆的区域（主要位于大脑前额皮质）卸载并转移到大脑的其他区域，这样就能减轻工作记忆的负担，让它有空间去处理新的思想和概念。

通过程序流畅性形成的神经记忆群组对于工作记忆容量较小的人来说尤其有用。你能将越多的大脑任务通过记忆群组进行潜意识的自动处理，你就会有越多的工作记忆用来解决问题，或者是讲笑话。

关键性思维转换

通过刻意练习培养神经记忆群组

每当你想要学习一个困难的新事物或者新技能时，你可以集中精力刻意练习，学习材料中最困难的部分。把你要学习的任何内容分成许多小组块，比如钢琴乐谱中一小段、西班牙语中的同类动词或者同类副词、跆拳道中的侧踢，或是三角学家庭作业的一个解题方案。反复练习那一部分，直到你的大脑中形成了根深蒂固的“神经记忆群组”——一种今后你能轻松回忆起来并完成的模式。但是，一旦你掌握了某个组块，千万不要因为这部分变得容易并且让你很有成就感而情不自禁地一直反复练习它，你必须将自己大部分精力和练习转移到你觉得最难的部分去。

创造运气

邱缘安 18 岁那年，在维多利亚初级学院度过最后的“准备”期后，他必须参加 A 级考试，这将决定他是否能上大学。

当然，他的梦想还是新加坡国立大学。普通话再次成了他的梦魇，在A级考试中，他的普通话考试又没及格。但是，说来也很神奇，除了普通话之外，他的其他考试成绩都非常好，所以他被新加坡国立大学破格录取了。他的家人都很震惊，他欣喜若狂。

接着，艰苦的学业开始了。最后，他利用所学的以及教过别人的如何掌握并记住困难概念的技巧，以优异的成绩毕业并获得了工商管理学学士学位。想到十多年前那个被当作“差生”的他，简直恍若隔世。

我很想知道，在邱缘安的成功中，运气占了多少成分。

邱缘安告诉我，他觉得世界上有两种运气。[11] 一种是天生的运气（“在新加坡，我们把这叫作‘狗屎运’”），另一种是人自己创造的运气。邱缘安的想法可能植根于星座信仰，这种信仰风靡亚洲。人们认为有些人是自带“星运”，而其他人就没那么幸运了。

邱缘安回忆道：“我曾经有一名员工，他就自带‘星运’。他在新加坡买了两次彩票，中了两辆汽车。买两次彩票中了两辆汽车！每周开奖的彩票他也中过很多次，从统计数据来看，简直破纪录了。没有人能解释为什么。不管怎么说，我年轻的时候也去找过占星师，想算着玩。他看了我的星座运势，对我说，‘你没有那种好运’。我不知道这是不是一个会自我证实的预言，但出于某种原因，这辈子迄今为止，不管是玩扑克牌还是二十一点，我都没有赢过。”邱缘安摇摇头，一脸茫然：“不知道为什么，我每次都会输。这可能真的和所谓的狗屎运有关吧。我天生没有这种运气，而我也不需要这种运气。”

邱缘安引用了罗马哲学家塞涅卡的话：“幸运，就是当机会遇到有准备的人。”邱缘安解释道，如果想要有好运气，你必须拥有三样东西。

首先，你必须拥有机会。邱缘安认为，当机会出现的时候，你永远不可能知道这就是机会。机会总是会伪装成问题。我们所有人每天都会遇到问题，你需要具备某种思维模式，才能把问题转变成机会。“幸运”的人能看到机会，其他人就只能看到问题。

邱缘安笑着说：“我的机会太多了，因为我总是能看到那么多的问题。”

其次是准备。“如果你没有准备好适当的技能或者知识，即使机会来了，你也无法好好利用它。童子军[⊖]有个口号说得好，‘时刻准备着’。你要始终确保自己在不断学习和提升技能，这样当机会来临时，你就能很好地抓住它。”

最后是行动。“如果你只思考不行动，就会陷入分析瘫痪中。如果你不付诸行动，就永远不会走运。”

邱缘安一服完兵役就开始“付诸行动”。他与在新加坡国立大学认识的一个非常聪明的朋友帕特里克·蒋（Patrick Cheo）一起，继续经营他的移动 DJ 生意。帕特里克是执行经理，邱缘安则是 DJ 和魔术师。但邱缘安一直想找到一种方式，在做生

⊖ 一种国际性的青少年社会性运动。——译者注

意的同时也能回报社会。一天，他重回母校维多利亚初级学院，他向校长讲述了自己是如何从失败走向成功的，并询问校长，是否能让他培训维多利亚初级学院的学生使用一些他的技巧。

校长同意了，于是他就开始这么做了。“一开始，我不收任何费用。我做这件事是因为我喜欢。但过了一阵子我发现，这件事不仅是我的爱好，我还可以把它发展成我的事业！我开始分别制订一天、两天、三天长度的训练计划。”

就是在那时候，他写了《我是学习天才，你也是！》这本书。“这本书是所有一切的开始。”邱缘安说。他解释道，他能出版这本书，可以说是运气，但这一切其实源自他遇到的问题。“我的问题就是，我是一个学习有困难的差生。”

这个问题后来变成了机会。他意识到，他可以告诉大家：“如果像我这样的失败者都能成功，那你也一定可以。”邱缘安准备写一本自助图书，不仅因为他自己曾通过战胜失败而获得了机会，而且他也读过许多自助类书籍，他非常了解这种类型的书籍。于是他实践了他提出的第三个条件：付诸行动。

当时，人们都质疑他写书的资质，但他只管坐下来写完——共计 400 多页。他说：“我带着手稿跑了十几家出版社，其中包括西蒙与舒斯特公司、普伦蒂斯霍尔出版社和艾迪生 · 维斯理出版社。但它们都把我拒之门外。”但他仍然不断投稿。

一天，他接到牛津大学出版社新加坡办事处打来的电话，邀请他去开会。出版社编辑觉得他的书很有意思，认为这本书可能会有市场，但是，他说邱缘安的英文“从商业的角度看不可行”。

邱缘安笑道："这其实是在说我的写作水平很差。"编辑告诉他，如果他愿意重新写，他们会考虑出版——他照办了。接下来，编辑重新编辑了目录。邱缘安把这本书缩减到了大约 200 页，并且不断地修改，他的妈妈也给他提供了帮助。

邱缘安在新加坡国立大学上二年级时，这本书出版了。"我简直太开心了！"但这本书并没有被投放到书店里。邱缘安发现，这本书没有任何营销预算。因为邱缘安没有名气，而且这是他的第一本书，所以出版社无法在这样的书上投入太多资源。

"我当时想，没关系，我自己来解决这个问题。"他开始去新加坡的各个学校和书店做免费演讲。这种免费演讲迫使他去学习如何发表公开演讲。这样坚持了 6 个月，他的书成了新加坡的畅销书之一，并且连续好几年保持在畅销书榜上。

邱缘安对职业弹性的建议

邱缘安认为，不管你的职业生涯会有怎样的波折或变化，你都要通过阅读书籍、参加课程和研讨会来让自己时刻准备着。他指出："不断学习是确保你的技能永远不会过时的唯一办法。"

你不仅要不断钻研自己的专业领域，还要学习你专业之外的东西。你甚至可以学习一些非学术性的东西，比如邱缘安就学过魔术和 DJ。这两项技能虽然与邱缘安大学里的数学专业毫不相干，但却教会了他如何有效地和观众互动，为他的职业生涯做出了很大贡献。

化劣势为优势

邱缘安最令人敬佩的特点之一是，他不会在公开场合把自己包装成一位不被人理解、故意放低姿态来分享自己的神童或天才。如果说他很特别（我认为他的确很特别），那么一部分原因在于他愿意向大家分享自己遇到过的挑战，尽管他的大脑有时并没有做好充分准备，但这却逼迫他去迎接这些挑战。

我在东南亚的接下来的一周里，邱缘安和我计划在几个同样的场合发表演讲。当我们在雅加达的后台准备一场有 2000 多名观众的演讲时，我紧张地问他是否会怯场。他温和地对我说，他以前会怯场，但他发现只要把关注点放在观众和他们的需求上，大脑就不会想到自己，也就不会再怯场了。因为邱缘安从不掩饰自己的缺点，所以我忍不住打听他最大的缺点是什么。

他马上就告诉我他“不太聪明”——他觉得让别人知道这一点没什么关系。人们一般认为邱缘安是为了制造效果故意这样说的，但他只是实话实说。

他解释道：“我只有把事情变简单，才能够理解它们。”但是这反而有了积极的影响。事实证明，人们喜欢邱缘安的书就是因为他能把事情变得简单。

“你还有其他的缺点吗？”

“我非常固执，我是一个普通甚至愚钝的人，也非常叛逆。另外，我还很天真。我的妻子和帕特里克（他的好友，也是公司的首席执行官）总是说我一直被人骗。所以，他们不会让我去参加任何谈判，因为我会把公司给出卖了。

帕特里克是‘数字鬼才’，而我则很有创意，所以我们是完美搭档。他完全与我互补，极其注重细节。而我是梦想家，关注的是大局。他的一句口头禅就是‘缘安，别做梦了’。”

“还有别的缺点吗？”

“我有强迫症，我是一名无法自我控制的担忧者。”邱缘安不喜欢一直忧心忡忡，但他也知道担忧对他很有帮助，因此他害怕一旦减少担忧，他可能就不会这么敏锐了。他习惯考虑可能发生的最糟糕的事情，然后强迫自己一直做准备，直到他觉得很自信，认为自己已经准备得非常充分了。

“强迫症的坏处就是出现问题的时候，很难不投入其中，这会导致一种消极的心态。”我大胆提出自己的看法。

邱缘安点点头：“我以前确实如此。”于是他又学习了一些思维技巧，比如如何重新认知，把问题抛在脑后。他学习了如何转换自己的思维，知道什么时候应该逼迫自己，以及什么时候应该释放自我。

邱缘安还知道许多其他富有创意的思维技巧，帮助他和自己的学生坚持去做一件事情。比如，他告诉他的学生，动力就像洗澡，不可能持久。

他说：“你不可能洗一次澡，身体就一辈子永远干净了。因为不管你怎么洗，身体还是会变脏、发臭，然后你又得洗澡。同样地，不管你的动力有多么强大，这个世界总可能让人消极。你不可能事事顺心，你会被人批评。你又会变‘脏’。因此你需要学会每天都鼓励自己，就像要洗澡一样。”

当邱缘安给孩子们开设课程时，他以真正的严厉但兼有关爱的方式告诉他们："我不是来帮你们洗澡的，我是来给你们肥皂和刷子的。你们要学会自己洗澡。"

邱缘安最厉害的思维技巧之一就是重新认知。他习惯于把问题看作机会，研究如何把麻烦转变成有利条件。邱缘安非常喜欢史蒂夫·乔布斯的故事。乔布斯被苹果公司解雇后，把这件事当作自己的机遇。正如乔布斯所说："被苹果公司解雇是我遇到过的最好的事情。我可以以新手的身份重新启航，这种轻松感取代了身为成功者的压力感。"[12]

另外，邱缘安愿意相信，凡事有果必有因。不管事情看上去有多糟糕，他总是可以从中学到些什么。他牢记这一点，所以在遇到挫折时始终能保持动力。

比如，当出版社一次又一次地将他拒之门外时，他告诉自己："这说明我必须重写这本书，让这本书更具影响力和说服力。当这本书最后成为一本畅销书时，我就可以好好讲讲这段历程。"当他被送到一个没有名气的学校就读时，他告诉自己这是一件好事，因为在这里，他更容易拔尖。

邱缘安说："我现在依然会像以前一样，在脑中想象一些疯狂的画面。我会想象自己站在舞台上表演魔术或鼓励他人。不断想象这些画面给了我动力，驱使我想去做那些事情。"

尽管邱缘安是通过自己的想象力在个人生活和事业上大获成功的，但他是一位富有建设性的幻想家。他学会在脑中反复播放自己的目标，让这个目标尽可能显得生动真实。他认为，每天不仅要回顾自己想要做的事情，还要回顾你为什么想要做这件事情，这非常重要。邱缘安一直都是这样做的——反复提醒自己他想要成功是因为他想帮助他人。当然，一路走来，有70% 的事情并没有按计划发展，这是非常令人沮丧的。为了让自己始终充满动力，他在 YouTube 上观看了大量的励志视频，上面讲述了人们是如何克服巨大挑战的。他也很喜欢读自传。“我往往发现，相比较他人来说，我的问题真的是微不足道。”

世上没有适合所有人的万能药，但邱缘安一直在不断探索新的方法，不仅是用于学习他目前正在研究的东西（比如对冲基金），而且还用于以积极方式重构逆境，这样的探索是他的智慧的重要组成部分。

思维技巧的力量

邱缘安在思维和方法上的直觉，其存在获得了可靠的神经科学的支持。最近一项神经影像元分析研究了所谓的“情绪认知重评”，即重新认知。[13] 这项研究表明，找到看待消极事件的积极方式，可以消除由大脑杏仁核“非战即逃”指令中心所产生的消极情绪。比如，一张令人恐惧的某人流血的照片可以被重新认知为“那只是一部电影，那些只是番茄酱”。又比如，如果把关注点放在怎样使患者逐渐好转上，则对某种疾病的消极情绪就可以被改造成一种较积极的情绪。重新认知是一种非常有效的方法，它是认知行为疗法的核心，用于治疗抑郁症、焦虑症，以及其他心理疾病。在下一章中（千万要注意了！），我们会更深入地探讨重新认知这一话题，即理解我们用于看待这个世界及其中一切事物的语境。

人们可能会认为，在某些情况下，这种重新认知只是一种不可行的心理欺骗。毕竟，如果我们谈论的是现实生活中，你很亲近的人得了绝症，并且不可能好转，那应该怎么办呢？那样的话，你可能需要采用一种不同的重新认知方式。你或许可以把关注点放在当下的生命质量，而不是绝对的生命长度。（从事临终护理工作的人最擅长这类重新认知。）有意识地找到一种方式改变正在经历的事情的意义似乎可以减少高度警觉的杏仁核所释放的与压力相关的神经递质。虽然从表面上看这是一种心理欺骗的手法，但它为大脑发现更深层的真相提供了途径。

> 三年前，我很难接到自由工作者的IT业务。我意识到，这实际上是一件好事，因为这意味着我该提升自己的技能了——在横向和纵向上丰富我的知识体系。现在我已经50多岁了，但和大多数我这个年龄的人相反，我从没有接不到活的问题。
>
> ——罗尼·德文特
>
> 自由软件工程师，比利时

现在你来试试！

自创好运

“幸运”的人都是那些学会在别人看到问题的时候发现机会的人。邱缘安培养自己“从每一件发生的事情中汲取经验”的精神，以此重塑逆境，从而取得了巨大的成就。

想一个你人生中可以被重新认知为机会的重大挑战。在“变成幸运儿”这一标题下，写下你可以采取的具体步骤，你可能会在现在或将来通过这些步骤善加利用这一机会或者是其他类似的机遇。在纸上，或者最好是在你用来每天记录自己的感受和进步的日记本的最后面，列出你可以用来把各种挑战重新认知为机会的思维技巧。

创造性

在第 3 章，市场营销专家阿里·纳克维间接提到大脑的两种从根本上讲完全不同的运作模式：“专注模式”与“发散模式”。研究表明，当你将注意力放在某个事物上时，“专注模式”就开启了。反之，当你没有特意思考任何事情时（比如当你在冲澡时，当你坐在公交车上看窗外时，或者当你在跑步时），大脑就开启了“发散模式”。通常，我们的大脑不会同时处于两种模式中——大脑的精力不是用于这一模式，就是用于那一模式。[14]

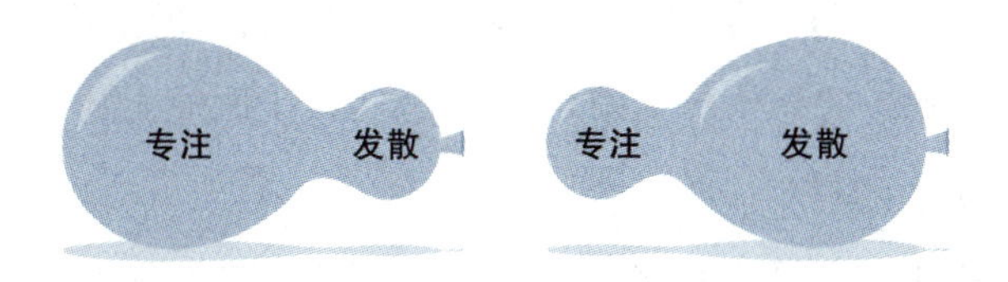

左边的气球代表专注模式下的大脑——大部分能量都涌向你高度关注的焦点。右边的气球代表发散模式下的大脑——大部分能量都涌向其他更为轻松、分散的神经网络。

发散模式其实就是神经的一种“休憩状态”，即当我们不高度专注于某一项任务时，大脑会进入活动范围更广泛的模式中。[15]在这种更为广阔的发散模式下，大脑中似乎能涌现出许多充满创造力的新想法。[16]当我们做白日梦的时候，我们的大脑会进入发散模式，有时持续几分钟，有时甚至持续几个小时。但是大脑也会突然开启发散模式，甚至眨一眨眼睛似乎就能激活这个模式。[17]（聪明的武术高手会抓住对手眨眼的那一刹那——在对方意识改变的稍纵即逝的瞬间，正是进行突袭的绝佳时机。）[18]

研究者逐渐发现，学习似乎包含了两个步骤。首先，你会集中注意力，启动你的“任务激活”网络，并且你能意识到这一学习过程。然后你会让大脑进入发散模式，把关注点从所学内容上转移出去。你并不会真正意识到第二个学习步骤，事实上，这个过程看起来就像你无所事事一样。但正是这第二个步骤会让你的大脑用创造性的方式巩固你所学的知识。[19]这就好像一开始你的大脑专注于拾取你眼前的学习材料，接着，当你开始休息并让思绪离开该材料时，你的大脑空间就会被释放出来，可以将材料收藏起来。这就是为什么每次使用波莫多罗技巧时，5分钟的短暂休息会如此重要，它让你的大脑有机会去巩固你所学的材料。

不难想象，持续依赖专注力的教育体制可能会在不经意间阻碍发散性神经网络的发育。[20]人的大脑需要不时地休息。[21]当社会所推崇的放松机制，如各种形式的冥想，同样也在鼓励专注力时，过长时间集中注意力所产生的影响或许会被进一步放大。

事实上，不同类型的冥想会产生极其不同的效果。绝大多数的冥想技巧都致力于培养“专注力”。[22] 与此形成对比的是“开放监控”(open monitoring）型冥想，如内观（Vipassana）和正念（mindfulness)，它们似乎可以锻炼发散性和创造性的思维。不过，开放监控型冥想的技巧有许多不同的教授方法，要想掌握这种类型的冥想形式，可能需要集中注意力，至少在前期是必要的。

总的来说，培养专注力的练习对于学习固然非常有益，但每天留一些时间让大脑休息并处于胡思乱想的状态也很重要，尤其是如果你想变得更有创造力的话。从实际的角度来看，如果你是一个冥想者，当你发现自己的思绪游离了冥想主题，你不必觉得一定要把思绪拉回到焦点上来。

这或许解释了为什么人们发现波莫多罗技巧在提高创造力方面也非常有用。它能够锻炼你的专注力，一旦你完成了，就能获得奖励，让大脑去做任何自己想做的事。这就好像你在头脑健身房先完成了针对性训练，然后再去做头脑水疗，总体来说是一个令人愉悦的过程。

现在回到邱缘安身上。有趣的是，他非常关注重新认知。他偶尔会产生一种强迫性的焦虑，这包括胡思乱想一些可能会发生的不好的事情——正如神经科学家朱莉·塞迪维（Julie Sedivy）指出的，思维涣散“可能与神经质有关”。[23] 但即便如此，邱缘安并没有试着完全消除胡思乱想的做法，至少，在他为自己胡思乱想出的结果做好充分准备前，他没有强迫自己。他只等待合适的时机去进行重新认知。

工作记忆与胡思乱想

简言之，工作记忆就等于你的大脑暂时可以记住的信息量，比如一组人自我介绍后，你能记住其中五个人的名字。（等一下，第一个人是叫杰克吗？）事实证明，工作记忆与智力和创造力的关系与人们直觉所认为的相反。

智力往往等同于工作记忆的强度。[24] 头脑极其敏锐的人，即工作记忆非常强大的人，通常拥有同时在脑海中呈现问题的各个不同方面的能力，从而能够更加轻松地解决问题，令人非常羡慕。与此同时，工作记忆较差的人必须找到一种方法把错综复杂的问题简化，才能着手去解决这个问题。寻找化繁为简的方法的过程会非常乏味和耗时。但令人惊讶的是，研究表明这么做有一个隐蔽的好处——工作记忆较差的人更容易找到捷径并取得概念上的突破。似乎那些记性好、工作记忆容量大的“聪明人”有时不太愿意用更新颖、简单的方法来看待问题。[25]

头脑聪明的人还有另一个缺点。如果你能通过轻松地在脑海里保存 10 个步骤去理解一样东西，那么你就会更倾向于按照这 10 个步骤来向别人解释它——即使有些人在第三个步骤以后就已经不知道你在讲什么了。换句话说，聪明人更难教会别人东西，尤其是那些有着“容不得愚人妄说”心态的聪明人。

从邱缘安的身上来看，他具备教学优势。正如他所说的，一旦他找到办法理解一样东西后，他通常都可以解释到让任何人都能理解的地步。工作记忆有限的人还有其他的优点。尽管付出了最大的努力，你还是记不住那些自己非常想记住的知识，因为它们会被其他知识、想法或感觉随机取代。这听上去似乎不太理想，但这确实为你的创造性打下了基础。[26] 顺便提一句，工作记忆不好通常与注意力缺陷障碍相互关联，所以如果这种状况让你的学习变得更困难，你就需要知道它也会给你带来许多好处，这非常重要。[27]

你可能会说，强大的工作记忆不仅能帮助人们解决问题，还能让他们取得好成绩。但研究表明，学校成绩和创造力成反相关关系。[28] 换句话说，你的成绩越好，有时就意味着你的创造力越差。另外，难相处和创造力之间也有关联。[29] 原因或许很简单，就是难相处的人更加愿意成为淘气包，不愿意与那些顺从、恭敬、和善的同龄人为伍。回想一下邱缘安小时候的顽劣性格，有可能只是他创造力的体现。

顺便说一下，增强你的工作记忆是非常困难的。那些增强工作记忆的练习可能只会提高你做某一件事情的能力，但通常似乎并不能增强工作记忆本身。[30] 有一组由 BrainHQ 推出的训练程序似乎能可靠地增强工作记忆。[31] 这一程序不会把你变成天才，但它似乎能在一定程度上提高记忆力、加快大脑处理信息的速度和增强总体认知能力，并在某种意义上停止或逆转随着年龄增长而嘀嗒前进的大脑时钟。我们会在第 8

章进一步探讨 BrainHQ。

这些训练无论效果是否显著，似乎都会产生一种意想不到的“副作用”：它们似乎都能改善情绪——减少愤怒感、抑郁感或疲劳感。[32] 这些训练并没有抑制有时易怒的杏仁核，而是减少了岛叶中愤怒调节区域的活动。大脑的这个区域不仅让我们能感受到痛苦，还能让我们感受到许多基本的情绪，比如愤怒、恐惧、厌恶以及快乐。与工作记忆相关的练习或许能增强我们的精神力量，用于从认知的角度管理情绪刺激。由于在学习中经常要做这些用来增强工作记忆的练习，所以这或许可以解释为什么终身学习的做法会让我们的自我感觉越来越好。

关键性思维转换

贫乏的工作记忆有着不为人知的好处

当你试着去理解一样困难的事物，但却很难记住它时，要提醒自己，你所遭遇的困难很可能是与你的创造力密不可分的。即使你需要在某些时候为此付出更多的努力，你也不想牺牲自己的创造力。

邱缘安的有用的“缺点”

邱缘安 13 岁开始思维转换，在这之前，因为不在乎成绩，所以他有大量随心所欲的玩耍时间。但是后来，在参加了教育集训营之后，他不仅投身于传统的学业中，而且还继续从事他的 DJ、魔术、培训活动等。所以，邱缘安在不断地学习和进步，这并非只能通过传统的学术视角，即专注、高强度的学习来体现。

我们总是强调一些明显的积极因素，比如良好的记忆力和注意力，认为这些才是学习中最重要的因素。但有时，我们的缺点也可能具有出人意料的价值。下面总结了邱缘安在学习中“最差”也是对他最有帮助的特点：

他不是很聪明。和很多“不太聪明”的人一样，邱缘安的工作记忆似乎很差。但正是薄弱的工作记忆促使邱缘安对概念进行简化，并且在任何情况下都能抓住重点。虽然理解事物的过程会耗费他很长的时间，但最后，他都能清楚地、深入地、简洁地加以吸收。薄弱的工作记忆促使他去发现更加简单的方法来掌握概念，而那些看上去很聪明的人经常会错过这些更加简单的方法。邱缘安对于寻找替代方法感到很熟练和自然，这使他非常乐意去寻找其他的思维技巧，让他能够在学习和生活上都获得成功。

他是一名焦虑者。邱缘安学会了如何利用自己的焦虑，把焦虑当作一种提醒，促使自己认真地准备。一旦他做好了充分的准备，就会对焦虑进行重新认知，使自己的杏仁核平静下来，从而让自己不再焦虑。这种方法类似于静心祷告——对于力所能及的事情，邱缘安做出改变；而对于在自己能力之外的事情，他选择接受。

他是一个叛逆者。邱缘安顽固的天性意味着，负面评论只会增强，而不会减弱他实现既定目标的决心。

他是一个天真的幻想家。“异想天开”帮助他创立了成功的事业。邱缘安与实用主义者合作，并且愿意倾听后者，这为他实现自己的梦想打下了坚实的基础。

现在你来试试看！

回顾获取成功的思维技巧

在本章开头，你猜测了一些我们可能会探讨的关于获取成功的思维技巧。现在回顾一下你的想法，把所有你在本章中学到的其他思维技巧添加进去。最后这份清单在今后会成为对你非常有用的参考工具。

邱缘安教会了我们什么

和邱缘安及其团队在一起让我感觉很舒服，这一定是有原因的。富有创造力的人有时会说，想要变得有创造力，最好的办法就是和富有创造力的人为伴。邱缘安和帕特里克本身都非常有创造力，并且会寻找同样极具创造力的能干的人加入他们的团队。一次又一次，我发现，他们团队中的某个成员在上学的时候标准化考试成绩并不好，但他们却是世界级的电脑游戏玩家，或者是小说家，或者是魔术师。

和其他许多亚洲国家相似，新加坡在严格的教育测试体系中设定的高标准只是用来系统地选择并奖励那些具有强大工作记忆的学生。但是富有创造力的学生通常工作记忆都不好。换句话说，新加坡的教育体系不一定会直接灌输缺乏创造力的观念，但是却会通过筛选体制来积极地反对创造力，经常惩罚那些看似头脑不太有效率实则极富创造力的孩子。这种教育体制不仅仅是抛弃了富有创造力的孩子，而且还把绝望和自卑留给他们。

邱缘安和他的团队所做的就是向人们表明，一定的思维技巧可以帮助非传统思维的孩子获得更强的竞争力。反过来说，这也可以构造平等的教育竞争环境，让不同的思维方式都能蓬勃发展，这些方式不仅能支持学习，还能够帮助提高创造力。

有时人们会觉得，类似于邱缘安推广的教育研讨会只会加剧教育上的“军备竞赛”。但是我们可以用另一种方式看待邱缘安的工作。他正致力于教育民主化：把一套思维技巧教给大批学生——通常是那些更加富有创造性的学生，他们总是在传统教育体系中被淘汰，总是被善意的老师、朋友和家人打击，那些人不明白传统的教育工具对这些学生并不奏效。邱缘安以前就是一个被教育体系抛弃的孩子，被同样遭到流放的孩子们接受，他具有非常突出的领导能力，也非常渴望能脱颖而出，这样的他本可能走上一条歧途。然而，他开拓了一条积极的前进道路，让其他人也可以追随他的步伐。

当然，对于每个学生来说，学业的成功并不是也不应该是他们全部的和最终的目标。但是，就算不谈人生整体上的成功，学业成功也不应该是规定好赢家和输家的零和游戏。如果大多数人都能受到良好教育并且富有创造力，那么整个社会都会受益匪浅。然而在今天，“受过良好教育”仍然只意味着从中学毕业，具有良好的阅读、写作和计算能力，而富有“创造力”则只意味着能够灵活地想到解决问题的新方法。[33]

邱缘安很幸运。他出生在一个务实但又充满关爱、富有资源的家庭，他的家人也愿意为了他而不断尝试，直到找到可行的方法。另外，邱缘安自身的一些特点，比如固执、神经质、天真、乐观以及富有创造力，也恰到好处地结合起来，使他能够掌握主动权，一旦领会到一种新思维模式的精妙之处，就立即扬帆启航了。

没有任何一种教学方法能确保100%的成功。但世界上有数以亿计不易集中注意力的孩子，他们的家庭并不富裕，因为各种各样的事情，不能摘下“学习失败者”的标签。这些学生经常被教育体系淘汰，而他们的创造力从未被开发出来。他们被遗弃，感到无望而自卑。

也许现在全世界的教育体系都应该借鉴邱缘安的教育思想和方法。不管是传统的学生还是非传统的学生，他们都可以学习新的技巧，从而成为一名成功的学习者，开启幸福和充实的人生。

与此同时，我们都可以借鉴邱缘安的观点，让自己获益。

现在你来试试！

想想有什么可以支持你转换思维

在你小时候，如果你的父母都为了提升社会地位而努力，那他们可能会鼓励你遵循传统的成功之路，比如成为一名医生。父母这样敦促你是可以理解的。比如，能给患者提供治疗是一门非常有用的技能，不仅工资高，还能受到人们的尊重，更别说你事业成功也会给父母增光了。世界上的一些文化极其重视传统上的成功职业。这就意味着，一些孩子承受着巨大的压力，要满足父母的期望。

不过，当然了，并不是每一个人都能成为或是想成为一名医生。

你的朋友们对你有着一套不同的要求——他们往往此刻就想看见你灿烂的笑容，让现实见鬼去。如果你想成为电影明星或者篮球高手，你的朋友们往往会无条件地支持你，不管你的梦想多么不切实际，他们总会鼓励你向前。这就是为什么有时我们会在才艺秀上看到，当一位歌手遭到大家讥笑时会显得非常震惊，此时他终于要面对公众而非朋友了。但你要明白，朋友并不一定总会积极地支持你，这一点也非常重要。因为他们认为你是属于他们的世界的，他们会偷偷地削弱你的努力，因为不想让你离开他们的圈子。如果你哪天成功了，嫉妒可能会冲昏他们的头脑。

老师和教授可以为你提供有用的职业分析，但和父母、朋友一样，他们也有既得利益。例如，生物工程学教授会对你说生物工程是工程学中发展最快的领域，从而鼓励你选择他的系（这样可以使他的系保持活力）。他可能不会告诉你，这个领域之所以发展得如此迅猛是因为它是从一个非常小的基点发展起来的，而且生物工程系的学生不容易找到工作。

如果你结婚了，你就需要为另一半考虑。如果你已经有或者想要孩子，则又要考虑其他的因素。

你或许认为，职业测试会为你的思维转换提供方向，但这样的测试往往只会提供一些机械的反馈，指出你“当前”的优势和爱好是什么，而很少告诉你应该做出怎样的改变。

说起爱好，经常会有人鼓励我们去追求自己的爱好。但一个只知道追求爱好的世界可能并不幸福——如果每个人都去追求爱好了，那么谁来造汽车或房子，或者是开杂货店呢？

必须指出，当现实世界的束缚与人们对“天上掉馅饼”的渴望交织在一起时，也会引发成功的思维转换。比如，科学家圣地亚哥·拉蒙－卡哈尔（Santiago Ramón y Cajal）因为父亲的强烈坚持，被迫放弃了成为画家的梦想，不情愿地当上了一名医生。但最终，作为一名医生，圣地亚哥·拉蒙－卡哈尔获得了诺贝尔奖，这部分是因为他把画家的洞察力结合到了工作中。

面对所有这些相互矛盾的考虑因素，你本人是怎么想的？写下“思维转换的态度和影响”这个标题，花时间好好思考一下，然后回答下面这些问题：

1. 你是否觉得每个人都有自己“真正的潜力”，其他人都应该无条件地支持？

2. 当你在计划重大的思维转换时，你是否应该把别人考虑的东西也考虑进去呢？如果你的回答是肯定的，那么你会在多大程度上对此加以考虑呢？

3. 职场的现实情况应该成为你思维转换中的一个考虑因素吗？如果你的回答是肯定的，那么你会在多大程度上对此加以考虑呢？

4. 你是否具有可以转化为优点的缺点？怎样才能完成这一转化？

第 8 章

CHAPTER8

避免职业生涯一成不变、止步不前

特伦斯·谢诺夫斯基（Terrence Sejnowski）前额很宽，笑起来满脸皱纹，打趣别人的时候妙语连珠。他身形清瘦矫健，根本看不出已经是快 70 岁的人了。[1] 当他漫步在棕榈林荫道上，或是在加利福尼亚拉荷亚市附近的海滩上慢跑时，你可能都不会注意到他。几乎没有人知道（连他的邻居也大多不知道）特伦斯是极少数同时从属于美国顶尖国家级科学院、医学院和工程学院的人物之一。在高深的神经科学世界里，他是位传奇人物。

在迷幻药风行的 20 世纪 60 年代，特伦斯才 20 多岁，当时他只是一名学生，一名公认的好学生，当然也是个聪明小伙。可惜，他还没有聪明到能意识到去上生物课会让女朋友和自己分手。

特伦斯在俄亥俄州克利夫兰长大，念小学的时候就已经是个理科书呆子。中学时，特伦斯负责学校的无线电俱乐部。无线电俱乐部的指导老师麦克·斯蒂马克（Mike Stimac）通过“月球反弹”（Moonbounce）等项目鼓励学生们思考问题要往大处着眼。“月球反弹”项目是在学校的楼顶上安装一台商业无线电发射器和一排天线，向月球发送信号并接收反弹回来的信号。斯蒂马克是特伦斯人生中极其重要的导师，他同时也是航空俱乐部的指导老师，特伦斯在那儿学会了驾驶飞机。

回顾过去，特伦斯指出：“学习好和聪明未必就是成功的重要因素。我是在无线电俱乐部里学会怎么制造东西、怎么制定目标、怎么规划长期项目的。作为俱乐部的负责人，我学会了如何跟其他人打交道，如何跟大家一起朝着同一个目标努力。塑造我未来职业生涯的，并不是正式的学术活动。真正重要的是运用所学的知识，并将其转化为一种新的方向。”[2]

1968 年，在取得凯斯西储大学（Case Western Reserve University）的物理学士学位后，特伦斯获得了国家科学基金会的研究员职位，并前往普林斯顿大学（Princeton University）研究理论物理学。约翰·惠勒（John Wheeler）将特伦斯收为自己的硕士研究生。惠勒是一位传奇物理学家，曾参与美国的“曼哈顿计划”㊀，创造“黑洞”这一术语，并指导广义相对论的研究。

惠勒也是一位杰出的导师，他同样鼓励特伦斯无拘无束地思考问题。一天，特伦斯问道：“如果一个黑洞只有一颗豌豆

㊀ 美国陆军部研制原子弹的计划。——译者注

那么小，会发生什么？”惠勒的回应是：“特伦斯，这是个疯狂的想法，但还不够疯狂。”把一个太阳系那么大的物体挤成茶匙的 1/4 大小，对惠勒来说还不够离奇。

特伦斯·谢诺夫斯基正在阅读弗拉基米尔·纳博科夫（Vladimir Nabokov）的小说《阿达》（*Ada*）。照片拍摄于 1976 年左右，当时他是普林斯顿大学的物理学研究生。注意特伦斯一身是当时典型的普林斯顿式穿戴：领带加长裤——这种穿着日后会给特伦斯带来麻烦。

拒绝聪明反被聪明误

特伦斯不只埋头苦学物理，他还善于观察别人。在普林斯顿学习让他清楚地认识到，世界上有很多聪明人。干他这一行需要聪明才智，但他开始意识到光有才智是不够的。“事实上，聪明才智可能是一种累赘。”特伦斯说，“有了聪明才智，你能看到很多选择，但你也会看到许多障碍。也就是说，越聪明，你就越容易说服自己放弃某些事情。”刚到普林斯顿大学不久，他就想研究一个问题：一个位于星系中心的巨大黑洞会是什么样的？但这个想法被他身边的一些教授给枪毙了。后来，其他人发表了这个话题，引起了很大反响。特伦斯补充道，“坚持不懈也很重要。”

在惠勒的指导下学习的这段时间，特伦斯对物理学中最复杂的一些问题有了进一步的了解。除此之外，惠勒还教会特伦斯一件事情："特伦斯，每个人都会犯错。可如果你确实犯了错误，就不要再继续错下去。你得马上离开歧途，尽快超越它。"

这个建议将会引起特伦斯极大的共鸣。

特伦斯已经沉浸在物理学中，这门学科最终将占据他意识的方方面面。当时，普林斯顿大学有个惯例，研究生要参加为期一周紧张的通识考试，考察他们所学的所有物理知识，包括经典力学、量子物理学、电磁学、热力学、统计力学、凝聚态物理学、粒子物理学，一直到广义相对论等。

特伦斯曾在美国一些顶尖研究机构学习和工作。如今，他在世界各地和其他研究人员开展会议与合作。

这种类型的资格考试在世界各地的博士课程中很常见。普林斯顿大学考试的特别之处在于，世界顶尖的物理学教授很开心能和非常聪明的学生比试一番，于是考试题目出得一年更比一年难。[3]每位教授都会出一些考题，越来越深入地探究他们各自所在领域中最错综复杂、引人深思的问题。当所有这些考题汇合成一场大型的资格考试，这种考试就变得不再只是高要求，而是难到离谱，几乎不可能完成。大批优秀的学生开始放弃普林斯顿大学的物理课程。

最后，有人出了一个好主意，让物理学教授自己做一遍所有的考题。一些非常聪明的教授都考了不及格。于是，教授们降低了考题的难度。

但在此之前，特伦斯参加了这种难到离谱的考试。他拿了高分。

退后一步，审视职业蓝图

特伦斯的硕士学位课程主要是研究广义相对论。他发现，弦理论正在成为理论粒子物理学家们唯一的选择，而且这一理论正变得越来越深奥。要在太空或者巨大的加速器中进行大爆炸，才能取得弦理论实验研究最微小的进展。加速器需要的能量越来越高。从某个时刻起，物理学家开始意识到，要建造一个能真正取得实验进展的大型粒子加速器，得花费美国政府一整年的财政预算。与此同时，宇宙学家也面临着相同的问题，研究宇宙学需要极其昂贵的卫星和巨型干涉仪。

刚开始的时候，这些问题对特伦斯而言只是遥远地平线上的乌云，跟他努力挖掘物理学理念的日常工作沾不上边，就像太妃糖跟数学沾不上边一样。特伦斯很喜欢做出新发现时强烈的兴奋感——当脑海中萌生出新的发现和理论时，他会有一种豁然开朗的感觉，有时他甚至能发现连原先的理论家都没意识到的新联系。

然而，通过博士资格考试后，特伦斯并非只埋头科研。他是个爱社交的人，喜欢和朋友们一起玩，一起看电影、吃饭。他还有一位魅力四射的女朋友，聪明、活泼又美丽。实际上，对所有看重才学的家庭而言，特伦斯是完美的女婿人选。他在普林斯顿大学学习相对论，是世界级大师惠勒的门徒，很少有人比他在学术上更认真严肃了。从职业角度看，特伦斯注定会一飞冲天。

但是接着，天边的乌云慢慢靠近，特伦斯开始质疑自己对物理学的献身。整个职业生涯中，他听到的将一直是那句“我们实在买不起你需要的设备”。在这种情况下，他又能对相对论的基础研究做出什么贡献？他在物理学上投入了太多，很难想象要改弦更张。但他没法打消脑海中一个挥之不去的想法：我应该换一个职业吗？去哪里才可以不用总是跟巨大的成本限制做斗争？在普林斯顿物理学圈子的堡垒中，推动相对论知识的发展被视为该研究领域的圣杯，换职业的想法几乎让人有一种罪恶感。

特伦斯不光热爱物理学（也可能正是因为这一点），他对所有事物都感兴趣。特伦斯有一些研究生物学的朋友，所以他决定修读著名神经生物学家马克·科尼希（Mark Konishi）开设的神经行为学课程。[4]神经行为学是一门将物理学思想应用于自然行为研究的学科，比如猫头鹰如何通过声音来确定猎物的位置，以及幼鸟如何学会把同类的歌声与其他数百种鸟类的歌声区分开来等。

特伦斯开始从多角度接触生物学中有趣的思想。来自耶鲁大学的客座教授查克·史蒂文斯（Chuck Stevens）在一次讲座中指出，突触是神经元之间的连接体，让神经元之间能相互交流，但突触是不稳定的。特伦斯感到很疑惑：如果大脑中的这些组成部分不稳定，那大脑怎么能正常运转？[5]他参加了一次美国神经科学协会的会议，讶异于与会者人数之多和热情之高涨。

那时候，特伦斯开始意识到，有两个截然不同的宇宙。大脑外部存在着生命——不仅包括原子内千万亿分之一级的微小物质，也包括数十亿光年宽广浩瀚的宇宙。这些微观和宏观的精妙集合都在物理学的范畴之内。

但是大脑内部也有宇宙。大脑是我们的思想、感觉以及意识本身的家园，未知且看似神秘。人们开始用一个新术语来统称对这些话题的研究——“神经科学”。然而，神经科学没有像相对论那样得到人们的重视，至少在20世纪70年代末是如此。当时，神经科学在科学界就像刚开始学步的幼童，以研究神经科学为职业是几乎不可能的。生物学本身似乎与备受夸耀的物理学研究联系甚微。

与此同时，特伦斯女友的父母非常吃惊。作为物理学专业的顶尖学生，特伦斯竟然会对生物学产生兴趣，在寒酸的生物学圈子里鬼混？在他们看来，特伦斯就是个学术上的花花公子，并不真正想要成就世界顶尖级的职业生涯。

双方剑拔弩张，几周后，女友和他分手了。

这是特伦斯情感上的一次重创，但这次经历也让特伦斯重新审视这个世界，以及他在其中的位置。他开始经常去查尔斯·格罗斯（Charles Gross）和艾伦·盖普林（Alan Gelperin）的实验室转悠，这两位是普林斯顿大学的神经生物学教授。特伦斯不再跟约翰·惠勒教授一起研究相对论，他最后的博士导师是一位有着辉煌成就的学者：约翰·霍普菲尔德（John Hopfield）。霍普菲尔德本人也是从物理学转向了神经科学。20 世纪 50 年代末，霍普菲尔德对电磁极化子研究做出了开创性的贡献——电磁极化子是一种由电子与周围固体耦合形成的“准”粒子。此外，霍普菲尔德还取得了其他重大科学突破，其一是他最终发明了著名的“霍普菲尔德网络”(Hopfield net)，让人们能更好地理解构成记忆基础的神经回路。特伦斯从相对论转向神经科学的过程花了好几年。在此期间，他过着双重生活，白天上生物课，晚上写物理学论文。约翰·霍普菲尔德对特伦斯的鼓励起到了举足轻重的作用。之后，特伦斯发表了一系列关于神经网络模型的论文，这些论文受启发于大卫·胡贝尔（David Hubel）和托尔斯滕·维埃塞尔（Torsten Wiesel）在视觉皮层方面做出的开创性研究工作，他们的研究成果最终荣获诺贝尔奖。特伦斯发表的论文最后集汇成了他的博士论文，题为《非线性互动神经元的一种随机模型》(*A Stochastic Model of Nonlinearly Interacting Neurons*)。

当心止步不前

在科学界，科研人员通常需要花费多年时间掌握一种技能，从而有可能去钻研一系列特定的问题。这种技能可能以某种成像技术或数据统计分析技术等为中心。随着这项技能发生变化，往往会出现一种全新的职业生涯。

“在同一主题下技能发生变化的过程并不是科学界独有的。”特伦斯说，“当你掌握了一项技能，你会一次又一次地使用这项技能。但过了一段时间后，你会陷入一种千篇一律的状态，你会感到厌倦。或者是你所在的领域发生了变化，你开始意识到自己需要新的技能。但是，你之前可能没有学习过追求自己喜欢的新方向所需的技能。这种情况在科学界尤为困难，你可能苦学十来年才取得某个狭窄领域的博士学位，但在其他领域，你还是个门外汉。”

特伦斯的博士导师约翰·霍普菲尔德用自己的亲身经历表明，在物理学和生物学之间进行成功的职业转换是有可能的。特伦斯坚信，有多种方式可以将物理学中的数学建模工具应用于更好地理解生物学上，尤其是神经元。但他也明白自己并不具备足够深厚的生物学知识，还算不上神经科学方面的专家。正如他的导师艾伦·盖普林（Alan Gelperin）后来所说的，特伦斯需要“在神经元知识中好好浸淫一番”。

然而，即使特伦斯能够获取他在神经科学领域所需的背景知识，他如何才能顺利进入这个领域呢？虽然科研人员对神经科学领域的兴趣与日俱增，但全美国范围内成立的神经科学系所为数不多，找工作可能是件难事。

建立关系网，找到合适的位置

如果你想深入研究神经生物学，哈佛大学几乎就是你该去的地方。然而，特伦斯正在距离哈佛大学几百公里外的普林斯顿大学读物理学博士。他正处在错误的地点和错误的领域，尽管他怀着对神经元的兴趣在悄悄地改变物理学研究可被接受的边界。

凑巧的是，1978 年夏天，位于科德角半岛一个角落上的伍兹霍尔（Woods Hole）研究中心开设了一门神经生物学课程，特伦斯报名了。听传闻说，伍兹霍尔研究中心是一个风格休闲的地方，于是特伦斯便穿着标准的普林斯顿式服装去上课——白衬衫加西装外套。为了符合“休闲”的标准，他还拿掉了领带。

这身穿着马上让特伦斯成了大家打趣的对象，暑期课程的同学和教员们都拿这件事开善意的玩笑。神经生物学家斯托里·兰迪斯（Story Landis）是后来的美国国立卫生研究院的国家神经疾病与中风研究所所长，这位女士当时给特伦斯买了他的第一条牛仔裤。但是兰迪斯为特伦斯做的不单单是扩充他的衣柜，在她及暑期班其他同学的帮助下，特伦斯开始了 1978

年奇妙的夏天，一头扎进了这门新学科的学习中。

暑期课程的难度很大，这是特伦斯一生中学得最艰苦的时候。同时，课程也让人兴奋激动，因为给他们上课的是世界上最优秀的神经科学家们。暑期班从6月份一直持续到8月份，但特伦斯在伍兹霍尔待到了9月，以便完成一个关于鳐鱼电感受器的项目，这后来成就了他在生物学领域的第一篇论文。

一天，特伦斯正坐在伍兹霍尔的实验室里，电话铃响了，他拿起电话。电话那头是哈佛大学的神经生物学家史蒂夫·库弗勒（Steve Kuffler），他询问特伦斯是否想来哈佛大学和他一起进行博士后研究。库弗勒常被人们称为“现代神经生物学之父”，接到他的邀请电话就像是接到了圣彼得本人打来的电话。实际上，库弗勒本可以获得诺贝尔奖，但是他不幸早逝，职业生涯戛然而止。（诺贝尔奖不授予逝者。）

库弗勒的电话是一种预兆，标志着特伦斯正在迈入顶级神经生物学圈子。但事情并不都是这么顺利。在匆忙和混乱中，特伦斯完成了自己的博士论文。然后，他前往哈佛大学，加入了库弗勒的团队。

现在你来试试！

能力是关键

特伦斯去哈佛大学求学，是因为他所学的学科非常专业，要想进行自己想做的研究，哈佛大学是他获取所需专业知识的最佳选择。了解你自己的研究对象很重要。对一位餐馆老板而言，了解自己的研究对象并不意味着要去哈佛大学，而是指自己曾经从服务员做到餐馆老板，从而了解餐馆经营的方方面面。

想想你已经擅长的某个领域，或者你希望成为专家的领域。研究对象将决定你的未来。在“能力是关键”的标题下，简要记录你曾为研究对象做过的努力，以及将来需要做出哪些努力，从而真正掌握它。

选择性忽视的重要性

特伦斯强大的技术背景反而给他造成了一种令人意外的劣势。他知道自己很容易被当成一名技术人员，而非真正的生物学家。（嘿，这个新来的家伙特伦斯似乎很熟悉电脑，我们就让他写电脑程序吧。）正因为如此，特伦斯发誓在他三年的博士后学习中不碰电脑。神经生物学将成为他生活中的全部，其他东西他一样也不碰。

特伦斯对新学科核心研究的刻苦专注取得了回报。即便他不是哈佛大学神经科学领域的顶尖博士后，他也和该项目的其他所有学生一样非常杰出。但特伦斯跟其他学生不一样。在他新获取的一系列神经科学研究工具后面，还蕴藏着全面的物理学知识，以及物理学对世界进行建模的丰富方法。即便是特伦斯自己也没有意识到他这座思维武器库的全部力量。

哈佛大学不仅教导博士后如何与专家对话，也教导他们如何与研究领域的门外汉对话。特伦斯在哈佛大学学会了如何给从初学者到专家的所有人抛出有趣的故事诱饵。

这与我第一次见到特伦斯时的情况不无关联。当时，我在美国国家科学院（National Academy of Sciences）发表一场关于我的科学研究的演讲，里面也穿插了几个故事诱饵。这场演讲是萨克勒学术研讨会（Sackler Colloquia）的一部分，会议举办于加利福尼亚欧文市的贝克曼中心（Beckman Center）。面对着研讨会上世界级的研究人员，我感觉自己像一只幼兽闯进了狮群。特伦斯当时是会议主席，他很快就让我放松下来。我们都对人类学习与改变的方式深感好奇，于是我们成了好友。

> 我跟我的前老板说，我想学会做公司里的所有事情。她回应道："千万别这样！你得培养'选择性忽视'意识。因为如果每件事你都会做，你就会被所有人讨厌。"培养"选择性忽视"意识常使我避免分心于我不感兴趣或没有时间参与的事情。
>
> ——布赖恩·布鲁克希尔（Brian Brookshire），
> 布鲁克希尔企业网络营销专家

关键性思维转换

选择性忽视

你的认知精力是有限的，你得仔细选择自己想要专攻的领域。对于那些你根本不想花时间的领域，你没必要被看成专家。

保持开放的心态

我在美国国家科学院发表演讲后，过了一年半，正值 7 月，我们夫妻俩和特伦斯夫妇一起在圣迭戈附近索尔克研究所边上的一个滑翔港度过了阳光明媚的一天。(最后我像煮熟的西红柿一样晒脱皮了。) 特伦斯的妻子比阿特丽斯·戈洛姆（Beatrice Golomb）是一名优秀的医学博士研究员。我们看着悬挂滑翔机和滑翔伞从高于海面约 122 米的悬崖边冲上天空，特伦斯想到了创造力和职业的转变。

“与自己的学科融为一体有一点坏处，”特伦斯说道，“不同的学科有不同的文化。你越适应于一种文化，就越难转向另一种文化。”

神经科学有着令人激动不已的突破潜力，因此已成为许多人职业转变的目标，而特伦斯正好能近距离观察到这些人改变自己的过程。“职业的转变就像开始一段新的关系。”他指出，“这个过程可能会花上好多年，但它令人兴奋、焕发活力。举个例子，就算你始终留在医学领域，但是从一个专业换到另一个专业也会让你焕发活力。”

这种活力也能带来巩固职业生涯的重要突破。说到底，新的见解通常是在你第一次学习新东西的时候出现的。一旦你吸收了学习材料，你的头脑就封闭了，你没法再用新的眼光来看待这些材料。“这跟你的年龄无关，”特伦斯继续说道，“要看你在这个领域干了多少年。”但是站在科学研究的前沿并不是一件容易事，正如特伦斯所说的：“只要看看谁背后中箭，就能知道谁是先驱者了。”

当然，掌握新观点也包括接受事实真正呈现的结果，而不是你希望事实呈现的结果，或者是大家都同意的所谓事实。比阿特丽斯发表的一项研究结果表明，降低胆固醇的他汀类药物虽然有时能有助于延长寿命，但也会引发肌肉疼痛和记忆问题等。[6] 她是第一位发表该研究结果的人，但发表这些事实对她来说并不容易——期刊审稿员认为他汀类药物在很大程度上是一种有益无害的药物，他们不大乐意赞同与自己的观点背道而驰的研究结果。

谦逊的重要性

多年来，特伦斯对他所从事的研究领域都有着深刻的反思。特伦斯认为，物理学是一个充斥着傲慢狂妄心态的领域——相当于学术上的“宇宙主人”㊀华尔街。(尽管如此，但我必须承认，我欣赏特伦斯的原因之一是他一点儿都不傲慢狂妄。跟很多非常聪明的人一样，他有时也会冒冒失失地下结论、犯错误。但与许多人不同的是，一旦发现错误，他就会迅速纠正自己、调整策略。而且，他是少有的不会固执己见的人。这样一来，他跟很多其他学者迥然不同。)

物理学家往往认为物理学是最难掌握的学科，而物理学家

㊀ “宇宙主人”这一说法来自美国作家汤姆·沃尔夫1987年出版的小说《虚荣的篝火》，指在华尔街和伦敦工作的男人，他们年收入高达数百万美元，具有巨大影响力。——译者注

是最聪明的研究者。当然，物理学确实是个高手云集的领域。但高手犯起傻来也非常壮观，特别有趣。

特伦斯认识加利福尼亚理工学院（California Institute of Technology）一位著名的理论粒子物理学家，这位物理学家决定涉足神经科学领域。虽然他对新领域缺乏了解，但这位一流的研究者还是建了一个实验室，雇了一位有才干的博士后，并开始让他干这干那。结果研究以惨败告终——实验室弄得一团糟糕，被取缔了。为什么会这样？因为你不能仅仅因为已经掌握了 A 领域，就认为自己可以掌握 B 领域。如果你对 B 领域的了解不够，不能意识到自己的某个研究想法是行不通的，或者是前人已经探索过的，那么，你很容易会认为这是一个具有突破性的研究理念。

实验粒子物理学家杰里·派恩（Jerry Pine）是以另一种方式转入神经科学领域的典型代表。杰里本在加利福尼亚理工学院担任教授，正处于职业生涯的顶峰，这时他决定转换领域。他和特伦斯一起参加了伍兹霍尔研究中心的神经生物学课程（“他是穿着牛仔裤去的。”特伦斯有点儿不好意思地说）。实际上，杰里和特伦斯是这个班上仅有的两位物理学家，其他人都是生物学家。后来，杰里带着家人搬到了圣路易斯，在华盛顿大学（Washington University）当了三年职位较低的博士后。最后，他开始制造可供神经元生长在上面的电子芯片，让研究人员能更好地了解神经元如何在群体中相互作用。

学习第二门学科需要投入时间，就像特伦斯和杰里他们俩一样。如果第二门学科与原先的学科截然不同，那么就可能要花费更多时间。你需要找到一个可以让你学到门道，并且有其他人帮助你的地方。学习过程中可能会遇到挫折。实际上，刚开始的时候，你可能会感觉每前进一步都要后退两步，但如果你运气好的话，你就能把一些原有的技能和新的技能结合起来。

为了避免陷入职业的窠臼，像杰里·派恩一样乐于做出改变是很重要的。谦逊是学习过程中的要素，跟坚持不懈一样重要。这些品质能让你在新环境中更好地找到自己的位置。接下来我们会提到，能让你做出改变的正是环境。

关键性思维转换

学习新学科需要花费时间

如果你正在学习某种有难度的新事物，试试集训营式的做法，尝试跟新事物建立联系，让自己沉浸在新事物中。无论你多么天资聪慧，也有必要给自己一段时间来认真学习这门学科。

语境即王道

我们感知事物的环境（又称“语境”）对我们的反应有着极大的影响。设想你看到几米之外的玻璃箱中一条毒蛇摆出了攻击的姿态，或是你发现几米之外的桌子上有条毒蛇正朝你爬过来，在这两种情况下，你的反应肯定会有所不同。[7]我们不断地从环境以及自己的想法和感受中获取各种线索。

这其实就是安慰剂效应如此强大的原因。我们有意识的思考形成于前额皮质，可以刺激整个身体的生理变化。举个例子，如果护士告知我们手术会有疼痛感，那么，我们的压力激素水平就会在几秒钟内上升。这样，我们的感受会更加痛苦，因为反安慰剂效应会激活增强疼痛的 CCKergic 系统。[8] 同样的道理，如果我们相信某种特定物质能缓解疼痛，那么这种想法本身就能激活身体自带的阿片类系统并减轻疼痛感，就算这种物质其实只是糖水或盐溶液也无妨。[9] 安慰剂效应强大到只要服用安慰剂几天，效应就能一直持续下去，甚至在人们得知自己服用的并不是真正的药物后也不会消失。[10]

并不是只有与疼痛相关的系统会随着意识的变化而发生变化。举个例子，如果我们认为第一种奶昔跟第二种奶昔相比更能填饱肚子，那么，食用第一种奶昔就会更大幅地降低饥饿激素的水平。[11] 某种免疫抑制药物溶解后有一种奇怪的味道，如果让人服用含这种药物的饮料，那么到了最后，单单是那种味道就可以让人产生免疫抑制。[12] 另外，一种抗焦虑药物可以在人们看到吓人可怖的图片后起到缓解不安情绪的效果，让人们服用后再用安慰剂取代它，也能产生同样的效果。[13]

总而言之，你对将要发生之事的预期以及潜在的语境都会强烈地影响你的思想和身体反应，这种影响可能是积极的也可能是消极的。这一原理是让克劳迪娅克服抑郁症的基础，也是认知行为疗法取得巨大成功的原因所在。

你也可以运用这个原理来学习想学的任何东西、成为想成为的任何一种人。

浸淫其中

特伦斯和比阿特丽斯的朋友弗朗西斯·克里克（Francis Crick）就十分清楚地认识到语境在职业生涯转变中的重要性。作为生命密码 DNA 的共同发现者，克里克是科学界的一位巨人。克里克在 30 岁出头的时候就已经重塑过自己，职业生涯的转变是他取得突破性发现的基础，这一发现为他赢得了诺贝尔奖。克里克之前是伦敦大学学院（University College in London）一名前途无量的物理系学生。直到第二次世界大战期间，德军的一枚炸弹击中实验室的屋顶，毁掉了他的设备。

战争期间，克里克致力于设计可以避开德国扫雷艇的水雷，因此耽搁了好几年，之后，他终于在 31 岁高龄（至少在科学界这算高龄）开始了生物学的研究。跟特伦斯一样，克里克从物理学到生物学的转变也是困难重重。克里克曾说过，这“就好比一个人必须重新出生一样”。[14] 虽然从物理学“优雅深邃的简洁性”转换到生物学不断进化的化学机制的复杂性很困难，但奇怪的是，克里克发现，他原先在物理学领域的研究工作给他留下了一样珍贵的宝藏，那就是物理学的傲慢狂妄这柄双刃剑。作为骄傲的“宇宙主人”，他的物理学同事取得了伟大的突破性成就。既然他们能在物理学上取得成功，为什么他不能在生物学上取得成功？

克里克就这样开始了从物理学到生物学的职业转变，后来他成为发现 DNA 结构的关键人物，这次职业转变就是他的铺路石。然而，对克里克而言，一次赢得诺贝尔奖的重大职业转变还不够。快 60 岁时，很多人在这个年纪都开始休养生息，但克里克却对科学中最棘手的难题之一产生了兴趣：人类意识的起源和运作。和当时大多数人的观点不同，克里克有种直觉，认为神经解剖是解决这一难题的关键。于是，为了理解意识，他需要深入研究神经科学。

然而，克里克最大的挑战在于他太过精通自己已经掌握的东西。DNA 结构的伟大发现以及随之而来的诺贝尔奖就像一副金手铐，克里克发现自己被铐在了实验分子生物学的宝座上，而他在剑桥大学（University of Cambridge）的世界级研究所就像一座科学的监狱。

为了越狱突围，克里克决定从英国搬到圣迭戈，去索尔克研究所工作。他改变了自己所处的语境。在这个阳光明媚的新环境里，每天跟他打交道的人不再是分子生物学家，而是神经科学家。“他会跟别人聊上好几天，”特伦斯回忆道，“他邀请人们去他那儿讨论，以此获得训练。”

克里克让自己完全浸淫在新学科中。虽然他没能解决意识的难题（一块难啃的硬骨头），但他为意识研究奠定坚实科研基础做出了重要贡献。直到于 88 岁逝世的前几天，克里克还在埋头修改自己关于神经生物学的最新文章。

改变自己、学习新事物是完全可行的，特伦斯年轻时做到了，克里克晚年时也做到了。关于如何提高学习能力和做出改变（年既老而不止），相关研究正在为我们提供各种线索。

学习和改变永远为时不晚

令人惊讶的是，我们经常在改变职业或者学习新事物方面产生负疚感。20 来岁时我们想，要是我从小开始学吉他，现在就是一流的吉他手了！到了 60 岁，回首 30 多岁的时光，我们惆怅于现在没有当时那么多可供尝试的可能性。我们忘了当时的选择看上去往往也跟现在一样有限。甚至连大学一年级的新生也会羡慕那些从中学起就开始学习法语、物理或哲学的同学。不管年龄多大，我们总是觉得自己学新东西已经为时太晚。

人们通常很难意识到没有走过的道路往往看起来更吸引人，也很难意识到自己所选道路的优势。作为一个成年人，再次训练你的大脑学习新事物不仅能给你个人，还能给你周围的人以及整个社会带来长远的好处。裨益如此巨大，你也许会讶异于连世界上最有成就的人都会主动更换职业。其中有些人甚至还提前计划好职业生涯的定期变化。伊利诺伊州罗克福德大学（Rockford University）的哲学教授史蒂芬·希克斯（Stephen Hicks）写道：

读研究生的时候，我开始认真考虑从事哲学相关的职业，我读到了一篇关于物理学家苏布拉马尼扬·钱德拉塞卡（Subrahmanyan Chandrasekhar）的文章，留下了深刻的印象。他是这么做的：花几年时间集中阅读、钻研物理学的某个领域后，撰写几篇论文以及一本综合性的专著来整合自己的观点。然后，他再转向物理学的另一个领域，重复上面的步骤。他涉足的新领域通常与之前的领域差别很大。几十年来，他成功避开了一成不变的思维模式，在许多领域都做出了创造性的贡献。

由于哲学是一门庞杂的学科，再加上哲学吸引我的特质之一就在于它是许多其他智识领域的本源，所以我决定遵循钱德拉塞卡的策略。研究生毕业后，我以 6 年为单位规划自己的职业生涯——前 4 年在一个领域进行阅读、思考和撰写较短的文章，后两年撰写一本专著，然后跳到另一个截然不同的领域。

6 年规划的模式并非随机安排，而是自然有序的。目前为止，虽然我已经在好几个不同的领域工作过，但这些领域之间都存在着联系。希望到职业生涯结束前，我能完成计划中的所有工作，融会贯通，形成一门综合性的哲学。

为人生中的重大学习变化创造环境

改变关于自身能力的成见往往并不容易。你周围的人有时候可能会串通一气想把你留在原地，不让你去想去的地方。你可以用不同的方法来应对这种情况。

离开：如果目前的情况无可救药，那就“让这一切见鬼去”，让自己彻底摆脱它。比如，扎克·卡塞雷斯就从一所糟糕透顶的中学辍学了。

过双重生活：过一段时间的双重生活，表面上维持原先的生活方式和兴趣，私底下发展新的兴趣。格雷厄姆·基尔和特伦斯·谢诺夫斯基采取的就是这种方式，这让他们不至于陷入一直被其他人反对的境况。

逆反：以勇于叛逆为荣。别人越是说你会失败，就越能激发你内在的决心。邱缘安采用的就是这种方法。他给自己定了很多短期目标，比如考进一所知名的专科学校等，向其他人也向自己证明他可以实现自己的目标。但要记住，一定要制定自己在能力范围内可行的短期目标，并定期检查、评估自己的进展。打个比方，如果你全力以赴备考并参加了好几次医科大学入学考试（MCAT），但分数都很低，那么你也许就该重新省视自己的医学院梦想了。

如果你运气好，那么周围的人都会支持你尝试新事物，你就可以高兴地利用这个机会尽你所能地深入学习。物理学家杰里·派恩就是这样。为了重新规划自己的职业生涯，他带着家人从加利福尼亚理工学院搬到圣路易斯，从正教授降级为博士后。

不要放大自己的心理障碍，不然你会失去对新事物的热情。但也不要忽略重要的考虑因素。比如，你有没有取得成功所需的最起码的基本条件？你可不能像个没头没脑又没唱功的卡拉 OK 歌手一样，唱歌跑调却可悲地一直练到深夜。

老骥亦可教

特伦斯开发了强大的计算机建模技术，能帮助我们理解很多复杂现象，如记忆、思想和情感等。这意味着他对神经科学研究的众多不同方面有着惊人的广泛了解。

“当你步入人生的后半段，学习新事物可能变得越来越慢、越来越困难。”特伦斯说，“但是你仍然能够学，因为大脑仍然具有可塑性。关于防止衰老引发认知能力下降的研究已经取得了很多突破，这一点特别有意思。”

随着年龄的增长，我们可能会丧失一些突触，甚至是神经元，就像水从水坝里流走一样。但除非我们放任自流，否则突触和神经元并不完全是只减不增的。运动、学习以及让自己处在新环境中都有助于制造和培育新的神经元和突触。这些活动就如同认知的雨水，能补充神经大坝里的水量，增加所谓的“突触储备”。随着年龄的增长，突触储备变得尤为重要，它有助于平衡正在流失的神经元和突触连接。

我问特伦斯，关于在衰老过程中继续改善大脑的研究，他认为有哪些特别杰出的研究人员？“达芙妮·巴韦利埃（Daphne Bavelier）。”特伦斯不假思索地答道。

巴韦利埃是瑞士日内瓦大学（University of Geneva）的一位认知神经科学家，研究射击、动作类的视频游戏。她的发现颠覆了关于视频游戏对人类有百害而无一利的成见。此外，巴韦利埃的研究也为未来的大脑疗法提供了启发，让我们在退休后的“黄金年代”仍然能让大脑保持极佳状态。[15]

传统观点认为，玩视频游戏时间过长会使视力恶化。可当巴韦利埃量化动作类视频游戏玩家的视力时，竟然发现他们的视力水平高于平均视力水平，这让她惊奇不已。动作类视频游戏玩家的视力在两种细微但却重要的方面表现得更好——他们能更好地在混乱的背景中辨认出微小的细节，还能够分辨更多层次的灰度。

这点优势似乎大可忽略不计，但放到现实世界中来看，动作类视频游戏玩家的这种优势就意味着：在有雾、灰蒙蒙的情况下，他们可以更好地驾驶车辆；随着年纪变大，他们不用放大镜也能看清药瓶上的小号印刷字。换句话说，随着年龄增长，大脑某些特定区域的衰老可能会给人们带来危险和困难，而视频游戏能改善其中一些区域。

巴韦利埃及其同事的研究发现不止于此。

很多人都认为视频游戏会导致分心和注意力问题。但对动作类视频游戏而言，情况却恰恰相反。巴韦利埃和同事研究发现，动作类游戏玩家大脑中主要负责“专注”的区域变得更加活跃。他们也可以快速转移注意力，并且几乎不用消耗多少脑力成本。从本质上来看，玩家能更好地集中注意力。举个例子，他们能更快地把注意力从前面的道路转移到旁边飞奔而来的狗身上。

总的来说，随着年龄增长，大脑中的一些区域开始衰退，而动作类视频游戏似乎能让我们改善其中的很多区域。巴韦利埃指出：“像动作类视频游戏这种复杂的训练其实可以培养大脑的可塑性和学习能力。”[16] 动作类视频游戏不仅能改善我们的视力和注意力，甚至还能提高学习能力。而且这些效果能持续很长一段时间，甚至在几个月后依然存在。（顺便提一下，如果你想提高自己的空间旋转能力（美术和工程设计中的一项重要技能），你可以试试《俄罗斯方块》这款游戏。）

就对神经系统的改善而言，野蛮但有趣的游戏《荣誉勋章》远胜于另一款游戏《模拟人生》。这可能是因为在《模拟人生》里，你不大需要集中注意力。但在《荣誉勋章》里，你的注意力需要在不同的屏幕区域上不断转移，有时要分散开来观察环境中出现的新敌人，有时要集中起来进行精确的瞄准。伴随着背景音乐和游戏中许多意想不到的变数，还有反复的远近变化在你下意识的层面吸引多重神经层次的注意力，《荣誉勋章》能让你全身心地投入游戏。[17] 这种吸引注意力的方式可能是使大脑产生可塑性变化的核心。

那么，为什么我们至今仍没有设计出伟大的视频游戏，能针对性地延缓年龄增长引发的衰退？巴韦利埃把这件事情比作把诱人的巧克力（视频游戏）和健康的花椰菜（促进认知）做成一盘菜肴。[18] 要把巧克力和花椰菜组合成人们喜欢吃的美食，恐怕就连大厨也会感到不容易。但是脑科学家正在和艺术家以及娱乐业人士合作，并取得了一些进展。

当然，说到视频游戏，常识也很重要。研究人员一致同意过度沉溺于视频游戏是有害的。但幸好我们也不需要这种沉溺——只有控制游戏时间，每天玩半个小时左右，持续几个月，才能获得视频游戏的益处。

作为一位成年人，保持学习和改变的能力是一种多方面的挑战。它不仅仅是玩视频游戏、学习课本、和同学或老师互动。正如我们前面提到过的，体育锻炼也至关重要。利他林、安非他明等药物有时也能增强我们的学习能力，但服用这些药物有很多有害的副作用，就好比冲着客厅墙壁上的一点污渍泼一桶含铅油漆一样。良好的营养也是一种促进剂，不过到了一定时候，就算你非常注重营养，甚至开始进入颇具争议、汹涌波涛的营养理论领域，你也很难借此在认知功能上取得什么进步。

然而，动作类视频游戏正因其极为广泛的影响而受到前沿研究人员的关注——通过这种游戏，他们能较为便捷地研究画面、声音、动作和活动对关键学习过程是如何产生影响的，这些学习过程包括注意力分配、抵抗分心、工作记忆、任务转换等。我们已经知道某些特定类型的游戏玩家是如何更高效地使用他们的大脑的——他们完成高难度任务只需消耗较少的神经资源。玩家也更擅长抑制无关信息的干扰。

除了达芙妮·巴韦利埃，特伦斯还提到一个人：加利福尼亚大学旧金山分校（University of California, San Francisco）的研究员亚当·加扎利（Adam Gazzaley）。加扎利同样研究视频游戏，他的研究一部分是建立在巴韦利埃十余年研究工作的基础上。加扎利既是一名神经科学家，也是一名神经科医生，他指出视频游戏是最强大的媒体形式之一。它们兼具互动性（教师不是努力追求和学生互动吗？）和趣味性。加扎利正致力于开发一种更具功效的游戏疗法，并在逐步取得成果。《自然》（*Nature*）杂志是世界上最负盛名的科学研究期刊之一，加扎利的研究文章登上了该杂志的封面，题为《游戏变革者》。[19]

加扎利开发新疗法的方式确实是一种游戏变革。他开发的《神经赛车手》表面上看起来很简单，你只需驾驶一辆高速赛车沿道路行驶，并在路标随机出现时做出反应。[20] 加扎利让老年人每周玩 3 次《神经赛车手》游戏，每次仅 1 个小时，一个月后游戏时间共计 12 个小时。结果他发现，老人们的专注力有了明显且持久的改善。美国食品药品监督管理局（FDA）正在审核这款游戏，加扎利希望这款游戏能成为世界上第一种处方视频游戏。

研究表明，你集中注意力、在工作记忆中激活信息以及排除其他思想干扰的能力来源于“额中线 θ 波”。额中线 θ 波是在你集中注意力时大脑前部产生的一种脑电波。[21] 但是，当你想要集中注意力时，重要的不只是大脑的前部，大脑前部还需要向大脑后部发送信号并进行交流。严格说来，这与“远程 θ 波相干性”有关。随着年龄的增长，这些相互连接的脑电波的能量和相干性会减弱。老年人有时会站在厨房里想不起自己进厨房要做什么，开车时他们的反应速度也比较慢，原因之一便是他们的额中线 θ 波和远程 θ 波相干性减弱了。

《神经赛车手》这款游戏能让人们训练和提高自己的注意力，而且游戏本身也很有趣。然而，这里面最重要的一点在于，我们可以观测到注意力为什么能改善。原因就在于θ波节律的变化。正如加扎利的研究结果显示，经过游戏训练，60岁老年人的表现竟然能超过20岁的年轻人！神经标记物是工作记忆、警觉性等最重要的认知技能的枢纽，而《神经赛车手》游戏似乎能准确地刺激并巩固神经标记物。也就是说，就算这款游戏不是针对这些技能设计的，它也能改善这些技能。

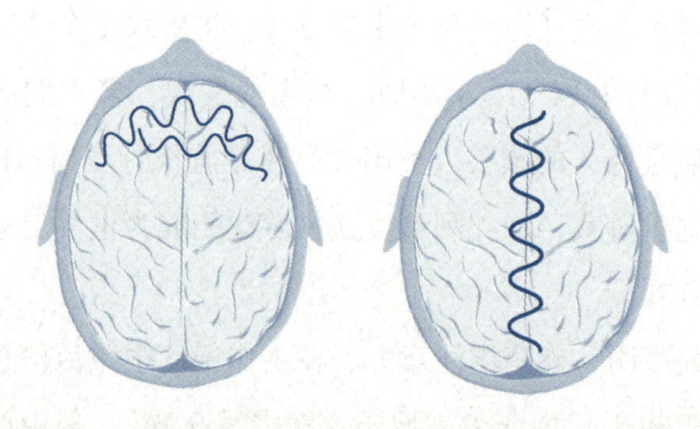

左图中，我们可以看到表示“额中线θ波”的曲线。当你集中注意力时，大脑前部会产生这种脑电波。右图中的曲线代表大脑前后部之间的θ波交流。这两种类型的脑电波活动都会随着年龄的增长而减弱，但可以通过视频游戏的强大效果而逐步恢复。

接下来我们要开始了解提高认知能力的游戏系统包括哪些要素。画面、音乐和故事可以让人们沉浸并参与到游戏中去，为神经可塑性提供了理想的条件。换句话说，一款好游戏能创造一套影响和塑造认知的神经重组工具。还有证据表明，视频游戏可能有助于减轻多动症、抑郁症、痴呆和自闭症的症状。

加扎利的目标是实现实时反馈。他致力于建立一个游戏系统，能准确找出玩家神经处理中的弱点，并根据这一信息让玩家进行游戏挑战。通过简单、有趣的游戏方式，玩家较弱的神经信号可以得到改善。“如果你能进入到自己的大脑中，”加扎利说道，“你所面临的挑战就是改善你所看到的神经处理过程，那会怎么样？你可以学会控制大脑处理信息的方式。”[22]

在另一处研究前沿，迈克·梅泽尼奇（Mike Merzenich）和保拉·塔拉尔（Paula Tallal）这两位神经科学家开发了一种基于计算机的练习，这种练习能帮助有诵读困难的人更好地辨别某些声音，从而显著提高他们的诵读能力。这项革新性的研究结果发表在《科学》杂志（*Science*）上，结果有 4 万多名家长纷纷打来电话，急切地询问如何才能让他们有学习障碍的孩子提高学习能力。[23]

梅泽尼奇最近获得了卡弗里奖（Kavli Prize），这一奖项相当于神经科学领域的诺贝尔奖。此外，梅泽尼奇也是美国国家科学院和美国国家医学院的成员。也就是说，梅泽尼奇名不虚传，确实是一名值得尊敬的科学家。基于对诵读困难进行大脑训练的成果，梅泽尼奇创建了 Posit 科技公司，致力于提高人们的认知表现。BrainHQ 是该公司的旗舰产品，其目的并非打造天才，而是通过练习来加快神经处理速度、提高注意力、改善工作记忆，让你能达到并维持最佳认知状态。经可靠研究证明，BrainHQ 似乎确实能发挥作用，让你能更好地记住别人的长相、提高开车时的反应能力、跟上连珠炮似的快速谈话等。[24]

通过互联网，人们可以获取成百上千种大脑训练资源——大多数项目都没有令人信服的研究能证明其有效性。然而，巴韦利埃、加扎利和梅泽尼奇等顶尖科学家正在带领人们证明“大脑疗法”确实能发挥巨大作用。

扩大认知储备

我们知道，海马体每天可产生约1400个新神经元。随着年龄的增长，这种神经元的再生速度只会稍微下降。[25]然而，一旦大脑不再持续体验新事物，那么，很多新的神经元在成熟并与更大的神经网络相连接之前就会死亡，就像藤蔓没有棚架的支撑就会枯萎而死。

在成人的大脑中，新的“颗粒”神经元让我们能区分相似的经历并将之存储为不同的记忆。这些新细胞不同于较老的细胞，后者携带着将相似记忆联系在一起的模式。[26]对于更久远以前的、有时较具创伤性的记忆，这些新的神经元能防止我们唤醒它们，这一作用尤其宝贵。[27]这一切意味着，帮助新神经元产生、存活和成熟对学习新事物和保持精神健康十分重要。这就是为什么“神经元再生”成为治疗抑郁症和各种焦虑症的一个热点。[28]

当然，正如前文提到过的，运动是已知的能产生新神经元的最强大的“药物”之一。一方面，这就好比运动撒下种子，长出了神经的嫩芽；另一方面，学习就像水和肥料，可以促进神经嫩芽的生长。

你越年轻，你所经历的一切就越有可能是新奇的。随着年龄增长，你就更容易陷入一成不变的状态。就算你告诉自己你正在学习新事物，这常常也只像是根据已知旋律即兴地弹上一小段。要让学习能对大脑产生影响，通常意味着你要稍稍走出自己的舒适区。

杜克大学的神经科学家拉里·卡茨（Larry Katz）建议，要让新的神经元存活、成熟并建立新的联系，一个实用的方法就是每天做一些新鲜的、不一样的事情。[29] 这自然会给你的大脑带来新的体验。这些新的体验可以简单到像是右撇子换成左手刷牙，或者吃饭时换个位置。旅行之所以能令人振奋的原因也在于此。旅行能让大脑不断地进行调整，当你尽力将自己沉浸在新的文化和环境中时尤为如此。随着年龄的增长，学习一门外语也会变得特别有价值，因为语言学习能改善的大脑区域涵盖了许多因年龄增长而受损的大脑区域。[30]

从大脑的角度来说，就算你看似天赋异禀、才能与生俱来，但如果你不使用，你就会丧失它。罗伯特·索布基（Robert Sobukwe）是一位广受赞誉的演说家，他曾为从种族隔离统治下解放南非黑人的事业发表雄辩的演讲。之后，他被单独监禁在偏僻的罗本岛长达 6 年。在此期间，他只能偷偷地用手势跟其他囚犯交流。在这段艰难的岁月里，索布基感觉自己的演讲能力在慢慢消逝。[31] 有些人在遥远的南极站度过多年寒冬，几乎没有机会与他人交谈，他们也经历了和索布基类似的感受。回到文明社会后，他们发现自己连进行简单的对话也会磕磕绊绊。[32]

不同的兴趣爱好有助于我们调节大脑状态，那些跟锻炼结合在一起的兴趣爱好效果尤其突出。研究表明，如果你有某些兴趣爱好，比如编织、缝纫、缝被子、修水管、做木工、玩游戏、用电脑、阅读等，随着年龄增长，你更可能拥有较强的认知能力。[33]这些研究结果是讲得通的——比如说，缝被子或者做木工的时候要进行测量和裁切，这显然有助于维持你的空间认知能力。[34]顺便提一下，最近的一项对照研究发现，每周阅读书籍时长大于等于 3.5 小时的人在 12 年研究期内的死亡率较对照组低 23%。[35]这绝对要归功于书籍，但杂志和报纸的读者就没这么走运。（祝贺您！也祝贺您通过阅读这本书而延长的人生！）

一项在中国农村进行的研究有超过 16 000 名参与者，该研究表明，阿尔茨海默氏病的患病率与人们的教育水平有着明显相关性。[36]这同样也讲得通。智力刺激越多，罹患阿尔茨海默氏病的风险就越低。诚然，这只是一项相关性研究——我们不能确定智力刺激是否真的就是降低阿尔茨海默氏病风险的原因，但我们确信，更多的教育能产生更多的突触，而突触越多，你的认知储备就越大。无论如何，教育都不是只有在你比较年轻时才需要的东西。研究表明，对老年人而言，越是“学到老活到老”，罹患阿尔茨海默氏病的风险就越低。[37]无论你是在壮年还是在老年时学习，你所学的东西都会扩大和维持你的认知储备。

关键性思维转换

舒适区和突触储备

聊天、编织、打篮球等简单的日常活动通过维持我们既有的能力，让我们保持良好的身体和精神状态。但是，如果我们想通过学习一些有挑战性的东西走出我们熟悉的舒适区，那么扩大突触储备将对我们很有帮助。随着年龄的增长，突触储备变得越来越重要。

任何年龄都要学习和改变

正如特伦斯预测的那样，在过去的几十年里，他之前专攻的物理领域几乎没有什么重大进展，高昂的设备成本是原因之一。特伦斯的很多朋友虽然研究的是粒子物理学，最后却找了其他领域的工作。[38] 看似热门的领域的诱惑、“羊群效应”的心态以及对有限机会缺乏了解，这些是在很多事业和职业中存在的问题。在任何学科领域中都可能存在一种盲从的“旅鼠”心态：就算教授们自己的专业工作前景黯淡、学费高昂，他们还是鼓励学生主修自己的专业；学生们互相观望，心想，“嘿，如果这不是个好专业，教授就不会这么极力推荐了”。

尽管特伦斯·谢诺夫斯基在普林斯顿大学享有盛誉的物理学研究中处于顶峰，但他还是运用常识，退后一步、审视、重新评估，然后下了一次明智的赌注：该做出职业改变了。这样的改变非常困难，当时也很少有人做出这样的改变，但他却义无反顾。说到底，特伦斯愿意冒着职业生涯失败的风险，转而前往他认为自己能产生最大科学和社会影响的地方，这种勇气带来的好处是巨大的。

量化神经元之间的交流方式意味着我们可以更好地理解我们作为人类的本质——我们如何形成记忆、我们为什么能闻到玫瑰的香味、我们如何击中棒球、我们为什么会做梦，等等。感谢特伦斯与他的同事的工作，我们现在能更好地了解大脑是如何工作的、如何从研究分析中梳理出更有用的数据、如何做出最可能实现研究突破的预测，等等。特伦斯开发的算法和工具帮助了世界各地的研究人员。

除了众多其他的研究领域，特伦斯·谢诺夫斯基还致力于揭示运动在认知和学习中的重要性。无论身在何处，他都要把锻炼融入日常生活中。图中，他正在加拿大阿尔伯塔的沃特顿湖国家公园里休息。

但是，如果你正在寻找一个新职业，可能跟特伦斯不同，你原本充满希望的梦想和机会很早就被粉碎了，你该怎么办？

下一章，我们将认识普林西斯·阿洛蒂（Princess Allotey），你会看到年轻人坚韧不拔的精神以及积极利用意外机会的做法是如何改变她的人生的。

是否从事神经科学职业

要想在任何科学研究领域成为领军人物，你都需要投入时间、精力和金钱来获得博士学位。在此之前你甚至都没资格开始考虑在大学里申请终身教职的激烈竞争。如今，成百上千位申请者申请一个职位的情况十分常见。

神经科学现在太受欢迎了，因此在考虑步入这个领域时要谨慎。但正如神经科学家艾伦·盖普林所指出的，在大部分学术领域，竞争一直都很激烈，包括生物学、物理学、工程学，当然还有神经科学。

艾伦说："目前正在吸收新人的热门领域中，你最喜欢哪一个？发育生物学？分子生物学？强大的基因编辑技术 CRISPR？你想修改基因吗？那就去网上买本食谱，再买几个鸡蛋，天知道，也许你可以造出一只会说话的青蛙。"

普林斯顿大学的神经科学家艾伦·盖普林在神经科学领域工作了 50 多年。他对竞争的宝贵见解适用于许多领域。

从事科学研究的职业通常也需要冒风险，最大的风险之一就是其他人发表了你正计划发表的研究结果。艾伦建议采取一种"足够独特的结合"方法，把你的想法和技能结合起来，这样，在你开始取得进展后，其他研究人员就不太可能突然抢先发表。

即使如此，还是有一些著名的例子，人们遵循这种相当独特的方法，经过 5 年的研究，最后却找到了一本期刊——哦，天哪，多棒的论文！——别人刚刚发表了你正准备发表的研究成果。这样看来，最重要的是找到某种东西，在其研究取得进展的必要时间段内，它不太可能出现在期刊上。

"进入一个新的领域，你需要学习足够多的知识以了解这一领域最重要的几大问题。"艾伦说，"哪些是你感兴趣并能对其产生影响的？你的伟大想法是不是已经有人发表了？"

现在正是一个激动人心的时代，新的设备与技术迅速发展，这意味着人们有机会在神经科学领域找到自己的立足之处。艾伦从几十年的科研经验中总结出："数学、光学、固态物理或电气工程所提供的研究工具可以让你找到相当独特的位置，去做世界上很少有人能做的工作。但请记住，没有什么是万无一失的。你所能做的就是努力尝试，并且乐在其中。"

现在你来试试！

你的领域正走向何方

有时我们会迷失在自己所选择职业的日常活动中。停下来，退一步，想象一下自己的事业和周围人的事业会如何长期发展，这是非常有意义的。即使在新兴产业不断诞生的时候，诸如成本，甚至是新发明等具体限制因素也可能会突然将整个行业变成历史。不要错误地认为因为很多聪明人正朝着某个职业方向前进，所以你也应该这么做。你现在的工作可能很好，但它会一直好下去吗？拿出你的笔记本或是一张纸，写上标题“预测职业挑战”，然后在页面中间画一条线，把它分成两栏。在第一栏列出你所在专业领域发生变化的可能性，在另一栏列出你如何才能成功应对这些变化。

附加探索：如果你正在计划一次重大的职业转变，明智的做法是采用试探性的步骤来试水——就像特伦斯那样，他报名上生物课并参加伍兹霍尔的神经科学集训营。如果你正在考虑职业转变，你可以如何试水？你该怎样判断计划中的职业道路是否适合自己？

第 9 章

CHAPTER9

梦想浴火重生

18 岁时发现梦想破灭是一件让人难以接受的事。[1]

但这却发生在了普林西斯·阿洛蒂（Princess Allotey）的身上。

普林西斯在加纳的克拉共市（Klagon）长大。这座城市位于加纳首都阿克拉附近，以高文盲率和高辍学率闻名。普林西斯的父母只完成了基础教育（相当于美国的初中），但他们一直鼓励四个儿女去上大学。

英语是加纳的官方语言，但大多数加纳人有两个名字，一个是加纳语名，一个是英文名。他们既会说英语，也会说 70 种非洲当地语言中的至少一种。

普林西斯这个名字在英文中意为“公主”，之所以取这个名字是因为她是家中的长女——她的大哥名为“普林斯”，英文意为“王子”。然而由于她的父亲是地地道道的加纳人，所以为了秉承加纳传统，她的全名就变成了普林西斯·纳·阿库·什卡·阿洛蒂。她能流利地说三门语言，除了英语和加纳语之外，她也跟着母亲说特维语，她母亲是一位来自埃希姆（加纳中部的一个农村社区）的芳蒂人。

上小学时，普林西斯和另外 80 来个孩子挤在一间本应容纳 30 个学生的教室里。她通常要和两个朋友共用一张小课桌。然而，尽管环境狭窄，条件艰苦，她仍如饥似渴地学习，尤其是数学。她做了许多习题，也常向老师求教。功夫不负有心人，她在小学和初中的数学考试中都获得了 A+ 的成绩。在其他所有 9 门基础课程的学校认证考试中，也都获得了 A。优异的成绩让她被极富声望的阿奇莫塔中学录取，那是加纳最好的男女混合教育的中学之一。普林西斯梦想着有一天能成为一名数学教师——但不是一名普普通通的数学老师，她想成为一名深谙世界其他地方教育理念的数学老师。

来自加纳的普林西斯·阿洛蒂在 18 岁时创立了“儿童与数学”组织，该组织为学龄儿童提供他们需要的基础数学资源，帮助他们取得出类拔萃的成绩。

为了拓宽知识面，她参加了一个暑期项目，学习基础科学、工程学和技术方面的技能，以便能够更具创造性地解决问题。她和她的朋友莎妮卡是21名参与者中仅有的两个女孩。对于女孩子来说，和别人不同会让她们感觉不自在——她们认为男孩们会对她们做出的任何贡献持怀疑态度。普林西斯感觉自己像是个冒名顶替者，尽管与她合作的男孩们都很支持她。

年轻人通常有许多梦想，普林西斯也不例外。例如，她渴望像诺贝尔奖获得者莱玛·格鲍伊（Leymah Gbowee）那样，展现出远见卓识和勇气。莱玛·格鲍伊于2003年带领妇女们发起了一场群众运动，为第二次利比里亚内战画上了句号。

问题在于普林西斯很怕在公共场合发言。这并不是因为害羞——当她和朋友在一起时，她可以谈笑自如。然而，只要一想到要站在一群观众面前，她就会神经紧绷。即使是对着讲稿，她也会念得含混不清，或者是直接僵在原地。

普林西斯就读的阿奇莫塔中学是由以前的校友出资赞助的，其中包括了加纳的许多前总统和议员。同时，因为这所学校是公办的，所以学费并不高昂。普林西斯的父亲乔治患有哮喘，尽管如此，他仍勤奋工作，开了一家中型水泥砌块公司。普林西斯在阿奇莫塔中学的学费和食宿费对他而言不成问题。尽管公开演讲对普林西斯来说是个挑战，但她在学习上还是表现得十分出色。

直到灾难降临。

感觉自己像个骗子

“冒名顶替综合征”患者会认为自己配不上所取得的成就，或者，至少自己的能力远远不如身边的人。虽然被称为“综合征”，感觉自己像冒名顶替者并不是一种精神错乱的表现——它只是一种诬陷自己成就的有害方式。当你成功时，你会认为这只是个意外或者是巧合，也有可能是人们被愚弄了。换句话说，在你看来，你的成功其实并不是你的功劳。然而，当你失败时，你却将之归结到自己身上。

这种情况在女性身上尤为常见，尽管男性也会产生这样的感觉。（也有可能男性没有坦诚地说出自己的感觉。）对此，1978 年，宝琳 · 克莱森（Pauline Clance）博士和苏珊 · 艾美斯（Suzanne Imes）博士在一篇原始研究论文中指出：“尽管取得了杰出的学术和专业成就，但患有冒名顶替综合征的女性仍然坚持认为自己并不聪明，并认为那些不这么想的人都上了她们的当。”可悲的是，就算面前摆着确凿的证据可以证明她们的智慧、成就和能力，这种认为自己是骗子的信念也依然挥之不去。[2]

奇怪的是，“冒名顶替综合征”最容易发生在成功人士身上。克服这种综合征的一部分困难在于，冒名顶替者的谦逊态度让那些偶尔感受到这种情绪的普通人觉得耳目一新（她好谦虚！）。或许是由于女性对他人的感受高度敏感，所以她们可能会倾向于害羞，以防被视为自吹自擂者，避免耻辱。[3] 在这里，睾丸素可能也发挥了作用，这种激素与上进心、支配欲和冒险行为有关。[4]

在参加技术夏令营时，普林西斯察觉到自己患有全面的冒名顶替综合征。她被安排负责一个全部由男生组成的团队，为农民设计一种能够长期储藏蔬菜的方式。在管理团队的过程中，她不仅要在队员面前发言（这对她来说一直是个问题），而且还必须告诉团队要做什么。“她何德何能，竟然会被安排在这样一个权威的位置上？”

这种“我不配”的态度让普林西斯每次在向团队发出指示时都小心翼翼。“你认为这样行吗？”她会大声说出内心的疑惑。令她惊讶的是，她开始意识到团队成员将她视为领导者——一位决策明智的领导者。这鼓励她摒弃固有的思想，真正去看看周围到底发生了什么。事实证明，充分了解现实并对之做出更客观的评价，是克服冒名顶替心理的过程中一个重要的步骤。最终，普林西斯重新自我认知，摆脱了一直萦绕在她心头的那些自我批评、自我怀疑的想法。很显然，她的确是有能力的。在导师的指导下，她更加确信这一点。而且她还开始意识到一件事，那就是，要成为一名好的领导者，她不必总是刻板地占据主导地位，把大家指挥得团团转。这也让她认识到，她可以克服冒名顶替综合征，同时也从中获益。

自我怀疑绝不总是坏事。比如，军官和大使馆官员非常坚信自己的观点都是正确的，然而这种潜意识里的文化自信会让他们在执行海外任务时受挫。在科学领域，诺贝尔奖获得者、神经科学家圣地亚哥·拉蒙－卡哈尔表示，对与他共事的天才们来说，最大的问题之一就是，他们会妄下结论，然后就算结论出错也无法改变想法。[5]许多企业高管、将军和政治家也都只肯聆听附和自己观点的话，导致这些领导者依据轻率的信念行事，最终造成灾难，历史上这样的例子不胜枚举。当然，怀疑不可过分，但它的作用有时也会被低估。[6]

事实证明，尽管天赋和能力很重要，但运气在我们的生活中也发挥着重要作用。用掷骰子的方式决定两位能力相当的应聘者谁走谁留，最后的结果就是其中一位获得工作，而另一位被拒之门外，感觉自己是个不合格者。车祸意外导致的脑震荡或许会让你在大学预科考试中发挥失常，这就意味着你进入某所顶尖大学的机会减少了。也许人世间最大的幸运就是出生在一个充满关爱和支持的家庭中，然而这种幸福却是可遇而不可求的。

因此，除了那些最傲慢最自恋的家伙，我们大多数人都会偶尔产生自己是冒名顶替者的感觉。这种感觉是很正常的，接受这种感觉，并将其转化成我们的优势，才能让我们健康地前行。

普林西斯的困扰

在阿奇莫塔中学就读的日子里，普林西斯一直高度关注自己的学业，在这样的精英环境下，她的平均绩点达到了 3.7。与此同时，她的父亲乔治·阿洛蒂也面临着一个幸福的烦恼——他的生意做得风生水起，需要扩展业务。为此，他购入了额外的土地，并用现金支付了超过 30 万加纳塞地（Ghc），这一数目约相当于 7.5 万美元。在加纳，这是一笔巨款。卖地给乔治的人有权有势，地位很高，而且是他多年的好友（乔治自己是这么认为的）。这笔交易没有任何收据凭证，乔治也从未告诉他的家人其中缘由，或许是因为他觉得向这样一位有权有势、宛若导师一般的人索要书面凭证是一件尴尬的事情。不管怎样，乔治知道一旦他在这块地上动工，就说明这笔买卖做成了。

然而在乔治开始动工前，灾难降临了。又一位商人对乔治的要求提出异议，声称他早就买下了这块地。

在任何法律案件中，要想在索赔方和反索赔方中寻求真相往往是不容易的。当然，这个故事是站在普林西斯的角度讲的。但在这样的情况下，土地所有人有很强的动机从两个买家那里都收了钱。土地所有人一句简单的、决定性的证词就可以解决这个问题，助正当的买家一臂之力，但这也意味着土地所有人在此之后只能收到一笔付款。

土地所有人没有给出决定性证词。相反，他建议两方在法庭上解决纠纷。

由于乔治在这一项目上投入了大量资金，所以他不能就此退出。不仅如此，他还是个坚定而又勤奋的人，这也是他最初能获得成功的原因。

在普林西斯上中学的最后两年里，诉讼展开了。乔治不得不往返于首都和家中准备法庭文件，同时向律师支付巨额款项。他没有其他的选择，毕竟他已经为土地买单了。但是当他试图开始动工时，他和他的工人们却被拖走，并遭到殴打。其中一位工人住进了医院，乔治昂贵的施工设备也被毁坏了，有些甚至看起来被推土机碾过。

这场纷争开始打击到全家人以及普林西斯的学业。她仍在努力学习，但成绩却开始下降。令人心碎的是，有时她甚至会得 D，这对过去的她而言是闻所未闻的事。

但是普林西斯仍在竭尽全力刻苦学习。随着中学最后一年的到来，她开始为西非中学升学考试做准备，这对她来说至关重要，决定了她是否能上大学——不管是在国内上还是出国上。考试将在 2014 年 2 月底进行，她决定为此拼尽全力。

乔治从一位富有的朋友那边借了 6 万加纳塞地（约 1.5 万美元），向最高法院提起诉讼要拿回那块地。他把全部家当都砸了进去，随着诉讼的推进，到最后，他只剩下了 250 塞地（约 60 美元）。

2014 年 1 月 2 日，在诉讼开始两年之后，乔治收到了法院的判决书。

他输了。

在接到判决的第二天，乔治的哮喘病急剧恶化。他让普林西斯去药房买药，然而就在她出门后，乔治在厨房昏倒了。普林西斯的妈妈发现了他，她费尽力气，想将他弄上出租车送往医院。前两位司机拒绝载客，他们认为乔治已经死了。第三位司机让他们上了车并飞速赶到医院，但已经于事无补。

乔治已经去世了。

正当这家人认为事情不会变得更糟时，更糟糕的事情发生了。由于乔治此前过于确信自己能够胜诉，所以他用煤渣砖厂和家里的房子作为抵押，换取了 6 万塞地的贷款。

这家人不仅输了官司，还把几乎所有家当赔了进去。

两个月后，普林西斯参加了至关重要的西非中学升学考试。她的成绩非常出色。

然而，普林西斯没有钱，也缺乏获得奖学金所需的人脉，所以她不可能在加纳就读全日制大学。她向海外大学提出的申请被接受了，但没有获得经济资助。事实上，他们一家都靠她大哥微薄的收入勉强度日。

这一切发生得太快了，最初牢牢掌握着自己梦想的普林西斯发现，她的种种选项已经不复存在。

重新认知并培养新的才能

在之前的章节中，我们已经了解到了重新认知的重要性。比如，邱缘安就是通过重新认知将问题视为机遇。

普林西斯也发现了重新认知的价值。在中学的最后几年里，她过得非常艰苦。随着父亲的离世和家庭经济的崩溃，她陷入了抑郁，成绩也因此受到影响。然而，她竭尽所能振作精神，在最后的中学升学考试中发挥得非常出色。对普林西斯而言，是她的宗教信仰帮助她重新认知。她的家人都是天主教徒，她发现自己的信仰和相关的价值观（比如呼吁人们帮助那些不幸的人）都能够支持她渡过难关。

普林西斯没有纠结于自身的问题，而是从外部进行审视，思考如何帮助他人解决他们的问题，以此来进行重新认知。她开始在比较缺乏资金的中小学当助教。在这里，她和那些易受影响的孩子们分享了她对数学的兴奋与热情。她想帮助所有的孩子，但是她特别想为女孩们树立榜样。在加纳，人们更倾向于让男孩学习数学——事实上，是更倾向于让男孩上学。

她教的大多数孩子都买不起数学书，这让他们难以学习、练习并巩固学校里面教的东西。于是普林西斯想出了一个“算数计划”，在学校里建立了一个数学书图书馆，来帮助孩子们为基础教育认证考试做准备。她招募了 8 个伙伴，他们自掏腰包和其他几个支持该项目的好心人一起凑了一笔 700 塞地（大约 175 美元）的预算。他们计划购买一些重点书籍，并请求各种数学书的作者们也捐赠一些。（我就是这样和普林西斯认识的——她写信给我，想要一本《学会如何学习》[⊖]。然而，让我印象最深刻的是她的后续回复。她不只是写信来索要这本书，而且在收到书后，她还写信来表达了她的感激之情。此前，在我去非洲时，我亲眼看到了非洲学生所面临的挑战，而普林西斯正在以一种最直接可行的方式解决那些问题。）

普林西斯继而成立了“儿童与数学”组织，并担任总干事，以鼓励人们爱上数学。她的工作要求她前往许多不同的学校，并和那里的孩子交谈，以激发他们对于数学的热情。为了给这个组织筹集资金，她还到各个机构、公司和团体发表演讲。同时，她还通过出售垃圾袋来协调资金筹集。她大批购买垃圾

⊖ 此书已由机械工业出版社华章公司出版。

袋，并以单价 0.8 塞地（约 0.2 美元）进行零售。这一价格比进价略高，但十分低廉。这种专为中小型厨房用垃圾桶定制的袋子在加纳很少有售。顾客们购买这些袋子不仅是因为它们既美观又方便，同时更是为了支持这个组织。

普林西斯成了一名企业家——社会企业家。也就是说，她现在正以商业技巧来解决社会问题。同时，令她讶异的是，她自身也发生了转变——通过一次又一次的演讲，她渐渐地变成了一名娴熟的公众演讲者。当她和她的团队被邀请在加纳外交和区域一体化部门的演讲俱乐部会议上发表关于“儿童和数学”的演讲时，普林西斯看到了一次衡量她演讲技能的机会。会议结束之后，一位演讲达人向她表示祝贺，说道：“你的演讲太棒了，就像是一场 TED 演讲[⊖]！”

普林西斯开始受到关注。她被邀请在深受欢迎的电视节目《今日加纳》中接受关于“儿童与数学”组织的采访。这档节目由当红明星卡夫伊·戴（Kafui Dey）搭档主持。在录制节目的时候，她一直想看看是否有人站在自己身后——毕竟，她觉得卡夫伊不可能真的是在跟自己说话。

当她意识到自己感觉像个冒名顶替者时，忍不住笑了。

采访进行得很顺利。

普林西斯的重新认知以及视挑战为机遇的能力并没有让她实现获得大学学位的梦想（目前是这样），因此她无法获得成

⊖ TED 演讲指在 TED（技术，娱乐，设计）大会上进行的演讲。该大会以传播有价值的创意为宗旨，具有世界级影响力。——译者注

为一名数学教育者所需的正规训练。但她的重新认知取得了另一项成果。它赋予普林西斯一种强烈的使命感，让她得以克服自己的冒名顶替感。而且，在这么做的同时，她也成功克服了另一项巨大的挑战——学着当一名公众演讲者。

在本章中，我们介绍了一位热爱数学的年轻女性，她成功克服了自己的冒名顶替感，她的梦想中包括一项高度非分析性的技能——公开演讲。在下一章中，我们将认识一位完全摆脱了高科技的技术型人才。

现在你来试试!

欣然接受你内心的冒名顶替者

你是否有时觉得自己像个冒名顶替者？你是否觉得，如果让别人拥有你的条件，他们能比你做得更好？相比之下，你是否觉得自己有点像个骗子？如果答案是肯定的，那么你不是唯一一个有这种感觉的人。事实上，那些私底下跟你感觉一样的人数量多得会让你惊讶，尽管他们可能会装出一副自信的样子。（有时自信得过头了——比如说，他们会告诉你他们在考试中得了 A，但事实上他们或许只得了个 C。）

冒名顶替感会引起不适和自我怀疑，但这也不完全是坏事。它可以帮助你用冷静的眼光观察你周围发生的事情。还可以帮助你避免傲慢和过度自信，后者会导致错误的决策和糟糕的领导技能。

拿一张纸出来，在“冒名顶替者？”下方写一句话，描述一个让你觉得自己像个冒名顶替者的场景。在这句话下面画一条竖线，把页面分成两栏。在左边写下冒名顶替感的积极面，在右边写下它的消极面。

然后用至少两三句话来综合描述一下你对冒名顶替感的看法。

第 10 章

CHAPTER10

化中年危机为中年机遇

当阿尔尼姆·罗迪克（Arnim Rodeck）小时候坐在房间里摆弄电子元件的时候他就知道，他将来要成为一名电子工程师。但他从未料到有一天他会对这份他曾经热爱且似乎天生擅长的工作感到厌倦。[1]当然，他也更无法预料他的职业生涯将经历怎样的转变。

寻找路径翻越不可逾越之障碍

阿尔尼姆在哥伦比亚的波哥大市出生并长大。他的母亲是一位性情温和、善于鼓励他人的护士，出生在非洲，她的父母分别是德国人和比利时人；他的父亲则是一个严厉、注重结果的奥地利维也纳商人，拥有一家电梯公司。他的父母在哥伦比亚坠入爱河，最后在那儿定居下来，所以，在得天独厚的双语环境中长大的阿尔尼姆同时会说西班牙语和德语。他打趣道，他喜欢用大脑中的德语领域进行逻辑思考，而西班牙语领域负责生活中更加感性和充满激情的方面。

阿尔尼姆幼年时上的学校由德国政府提供部分资助，所以一些科目是用德语授课，一些是用西班牙语授课，还有一小部分是用英语授课。由于阿尔尼姆的英语启蒙老师都是德国人，所以他的英语带有德国口音。

但是阿尔尼姆的童年并非一帆风顺。他有阅读障碍，记忆力也一直很差。这意味着学校的功课对他来说非常艰难。而且他还有其他各种各样的问题——比如说，音乐。他唱起歌来十分糟糕——糟糕到在幼儿园全体孩子合唱时，老师会让他单独在一旁玩乐高。[2]

阿尔尼姆没有节奏感，所以他也不会跳舞。他既不认识音符也无法判断他听到的是哪一段音乐，他甚至弄不明白各种乐器各是干什么的。

然而，对阿尔尼姆而言，音频信号的处理（在某些音乐形式背后的电子元件的数据和模拟层面）与听音乐相比完全是另一番天地。他非常热衷于此。幸运的是，阿尔尼姆的中学音乐老师发觉了他这些不为人知的天赋，让他通过自制一台唱片机和一把电吉他通过了考试。就这样，阿尔尼姆继续以他自己的方式去学习音乐并取得了优异的成绩。紧接着他开始设计和组装音响合成器、混音器、录音机，甚至是一架泰勒明电子琴——一种不用触碰就可以演奏的奇特的电子乐器。

最终，阿尔尼姆对一个大多数人都会表示“无能”的学科产生了浓厚且长久的兴趣。而且，他还学到了常被人们忽视的一点：即使是那些被视作“废柴”的学生，好的老师也能发掘出他们最大的潜能。此外，他还明白了一件更重要的事情，那就是，有时候在面对近乎不可能完成的任务时，最好的解决方法就是另辟蹊径。

由于有阅读障碍，阿尔尼姆在需要进行大量阅读的中学英语课上表现得一塌糊涂。不管他怎么努力，他始终记不住单词，对语法和拼写也缺乏逻辑感。

最后，阿尔尼姆前去德国攻读电子工程学士学位。但他没有想到，当他抵达海尔布隆后，发现自己还是没能逃过他的宿敌——英语。因为学校某些必修的技术课程只用英语授课，考试也是用英语。阿尔尼姆勇敢地拼搏，在导师们的帮助和教授们的“偶然眼盲”下，才得以勉强通过考试。大家都劝告他今后别去找任何对英语有要求的工作。

然而，跟新加坡企业家邱缘安一样，阿尔尼姆懂得如何将明显的劣势化为自身的优势。从炎热的哥伦比亚搬到气候温和的德国以后，他意识到他喜欢在不同的国家学习，这样他就有机会遇到更多元化的人群，浸润在各种全新的文化中。所以，读研究生时，他去了英国，虽然他依然是一名语言上的“残疾人”。

不过，阿尔尼姆惊讶地发现，虽然他对“阅读”英语有障碍，但是口语却学得很快，在他的硕士研究生学习期间没有出现任何与语言相关的问题。

虽然我刚到英国时英语非常糟糕，但我从不害羞，我照旧提问和发言，不管我英语说得有多差。作为一个外国人，我可以借此问各种各样的问题，比如问路、问能做的事情和特别的地方等，这些都是英国当地人通常不会问的。

比如，当我在挑选适合我完成硕士研究生学业的大学时，我曾经坐火车从曼彻斯特到利物浦去。车上几乎没什么人。我坐在一位年轻女士旁边，开始和她聊天。我大声说出了对那些五花八门的硕士项目的疑惑，然后问她在利物浦我可以住在什么地方。最后她邀请我到她父母家玩，并且成了我的好朋友和支持者。

说话带一点口音会勾起人们的好奇心，往往让你有机会跟他们说一点关于你自己的事情。口音可以打破障碍。但是会多国语言最大的好处是让你知道世界上有不同的文化。在这个世界上存在许多种世界观和行为方式。学习一门新的语言能让你拥有更开阔的思维。

我认为从正式的课堂体系转换到简单地与人交流和互动中是我学习语言的转机。事实上，直到今天我还在刻苦地学习我从书籍和新闻里挑出来的新单词，每天早晨通过一种叫作“Anki”的学习卡片系统进行练习。说来讽刺，学新单词是我上学时最讨厌和做得最差的事。虽然现在我依然学得很慢，但我只管去做，而且乐在其中。

有趣的是，我蹩脚的英语甚至能帮我更好地与人沟通。因为大家会花更多的精力来理解我说的话。他们饶有兴致，并且乐意帮助我，因为他们不愿意让语言变成一种障碍。

干扰：有时并不是件坏事

事实证明，听别人说话时受到一点干扰（比如外国口音）会促使大脑运用思维技巧，从而促进思考。阿尔尼姆认为人们听他讲话时会因为他的口音而更加全神贯注恰好说明了这一点。当人们在处理他们听到或看到的东西时，如果稍微多遇到一些障碍，就会被迫进行更加抽象化的思考。如此一来，便能让他们对听到的内容进行更具创造力的思考。[3]

有一点背景杂音就像人说话带有口音一样，会给人们处理信息稍稍增加一些困难——它的干扰程度恰好能让你进入一种不同的洞察模式，让你的思维变得更开阔、更具创造力，至少暂时是这样。这也许就是为什么有些人喜欢去充满低语背景声的咖啡厅——或许我们的潜意识正是想寻找这样一种适合学习的氛围。

专注是好事，但并非所有学习都需要专注

我们在学习时经常会摄入咖啡因来降低“白日梦”α 脑电

波，从而提高自己的专注力。这一效果在喝完咖啡或茶之后的一个小时内最为显著，不过，这种提神作用能够一直维持 8 小时左右，所以晚上最好还是别喝咖啡。[4]

当你在做有一定认知难度的事情时，咖啡并不是唯一的提神剂。通常你会下意识地使用其他方法来提高专注度。比如，你在背东西时，会尽量避免转移视线，以免周围环境中多余的信息让你的工作记忆发生过载。[5]所以，就算是简单地闭上眼睛也能帮助你减少干扰，更容易记起某样东西。[6]因此，在记忆力比赛中，记忆大师会想尽一切办法去减少噪声和多余的视觉刺激，他们经常会戴着特殊的眼罩和耳塞来帮助自己保持专注力。

比起真正理解一样东西来，干脆把它背下来往往会更简单些。一些有幸拥有超强记忆力的医学院学生有时候就是栽在了这件事情上。（是的，虽然记忆窍门很管用，但是对于一些人来说，记东西比别人轻松得多。研究者尚不清楚具体原因，但有迹象表明这与人的基因有关。[7]）

在医学院里，当有重要的解剖考试时，一般的医学生要准备好几个星期。他们要一遍又一遍地练习才能记住成千上万的术语和相关联的功能。然而，记忆力超强的学生却可以拖到考试前几天再开始准备，他们只需要花上几个小时过一遍复习材料就能考出优异的成绩。

但是，当这些记忆天才面对另外一种类型的医科考试时（比如，有关心脏如何运作的考试），他们就会发现临时抱佛脚的死记硬背并不管用。医学院的导师可能会惊讶地发现，这些看似才华横溢的优等生竟然也会在一些课程考试中挂科。看起来，能快速地记住与心脏相关的解剖术语并不足以让你理解和回答心脏的复杂功能问题。

这提醒我们，仅仅是注意力专注往往不足以让我们理解一个复杂的问题。

较复杂的学习需要进行发散型联系

理解复杂的系统需要投入时间，不管我们是在研究人类的心脏、设计新的草坪灌溉系统，还是在从多层面分析第二次世界大战的起因。为了梳理这些复杂的课题，我们通常需要转换对事件本身的高度专注，向后退几步，以便看清楚更大的格局。在任何给定的学习过程中，我们对于分心的偶尔需求会在专注度和大局观的拉锯战中产生。

就如第 7 章中提到的，人们有两种截然不同的洞察世界的方式，即两种不同的神经思考方式。专注模式需要我们集中注意力，而发散模式则是在神经处于静息状态时发生。[8] 如果你还记得的话，专注型思考就是当你高度集中注意力解决一道数学难题时所进行的思考类型。相反，当你在洗澡或者是没有特意去想什么事情时，你便会进入发散型思考状态。

现在，我们将这个问题再深入一步。专注模式主要集中在我们的前额皮质，也就是大脑的前部。而发散模式则涉及一张连接着大脑中更广泛区域的网络。[9] 发散型思维本质上的广泛性常常会触发意想不到的连接，而这正是创造力的核心所在。[10]诸如散步、坐公交车、放松或入睡这些活动都与发散模式有关，更容易让你产生似乎是从天而降的富有创意的想法。[11]

加一点背景噪声

如果我们处在一个十分静谧的环境中，这种安静的氛围会激活注意力专注的脑电路，同时降低发散模式的活跃度。这就是为什么当我们需要全神贯注做一件事时，安静的环境是最佳的选择，比如在填纳税申报单或是做一道难题时。

但有时候，某些问题需要我们进行更全面的思考——比如心脏功能，电脑网络的连接性，或者是气象变化。在这种情况下，背景中有类似于断断续续的对话声或者是碗碟的碰撞声这种时有时无的噪声反而会有所帮助。这是因为少量的噪声可以短暂地激活辐射范围更广的发散型网络。（从学术上讲，就是这些噪声“中止了默认模式下网络的不活跃状态”。[12]）换句话说，像咖啡店那种有轻微嘈杂声的地方并不妨碍你集中注意力，反而，那里的背景杂音还能让你更轻松地退后一步，从更全面的角度审视你想要理解的东西。

但是到了一定程度之后，噪声就会过大，让你完全无法集中注意力。老年人对于噪声会更加敏感，因为他们抑制默认模式的能力欠佳。[13]这也许就是为什么如果晚上餐厅里放音乐的话，年迈的客人更容易对周围人的交谈表示不满，因为大家都在努力让自己的说话声盖过音乐声。

关键性思维转换

背景噪声

少许断断续续的背景噪声可以使我们更加自如地在专注模式和发散模式之间切换。这在涵盖了新概念、新方法或新观点的学习过程中尤其有用。

音乐的影响

现在，你可能会问——那音乐呢？它对我们的学习是有帮助还是有妨碍？答案是——视情况而定。如果是又快又吵的歌，那么它一定会干扰我们的阅读理解，这部分是因为你要使用大脑中与处理文字信息相同的区域去处理听到的音乐。[14] 带有歌词的音乐比纯音乐更容易让人分心。[15] 但另一方面，研究人员发现，如果你听的音乐是你最爱的风格时，它可以促进你的学习，但如果是你不太喜欢的音乐，它就会让你分心。[16]

另辟蹊径

阿尔尼姆在哥伦比亚的成长背景赋予了他与许多较富裕国家的人们不同的思维模式。哥伦比亚这个国家不仅仅是在发展，而是在飞速发展。它的各民族人民自信且富有上进心。该交作业的时候，即使是停电了，老师也要求学生们按时上交作业，不得找借口不交。就算去波哥大市区的路被堵得水泄不通，路上要花上 3 个小时，也不是理由——工作还是要按时完成。哥伦比亚文化里的这种总能找到办法战胜困难的无畏精神深深地烙在了阿尔尼姆的灵魂中。

在德国，阿尔尼姆常听到一句话，“So etwas haben wir noch nie gemacht”，意思是“我们从没有这么做过”。说这话的人意思其实是阿尔尼姆不能这么做。可每当阿尔尼姆听到这句话时，他头脑中的哥伦比亚天性就会开始思索：那么，我要怎么样才能做到呢？他运用这种思维方式，避免去重修所有他之前在哥伦比亚一所不被德国承认的大学里修过的课程。当他问系主任，他可不可以用之前上过的课换取正式学分时，主任首先回答“不行”，但接着又补充道，“除非你能够得到每一位教授的同意。”

于是阿尔尼姆四处打听，先找到那些比较“好说话”的教授，拿到了他们签名的同意书，这样，因为说同意的教授人数众多，最后连最严格的教授也没有办法拒绝他了。最终，系主任祝贺了他，并基于他之前的课程给了他学分。

到了硕士研究生毕业的时候，阿尔尼姆发现自己陷入了窘迫的局面。虽然他非常想搬去加拿大，但不走运的是他没能在那边找到工作。眼看就要毕业了，阿尔尼姆向德国的公司投了数百封简历，可是都毫无音讯。这简直令人绝望。他到电信工程招聘会上一看，每个招聘台前都人山人海。他忍不住向人力资源部的人打探，问他们知不知道有什么招聘会场面不那么火爆、去应聘的人比较少。

就这样，他去了一个和他专业完全“不对口”，但是应聘者要少得多的专门招聘经济学人才的招聘会。在那里，他终于有机会和来自电讯工程招聘会上相同公司、相同国家的招聘代表说上话了。大部分代表因为他专业不对口、胡乱入场而不待见他，除了惠普的代表。他相当欣赏阿尔尼姆的勇气，并告诉他："我们就是需要能跳出常规思维的人。"

起初，阿尔尼姆被聘为惠普在德国达姆斯塔特的后备工程师。作为员工培训的一部分，他被派往位于英国布里斯托尔市的一个专门研发新产品的惠普实验室。在那里，阿尔尼姆终于觉得自己开始获得真正的教育了——通常是在导师的指导下。

阿尔尼姆的第一位导师虽然沉默寡言，但却是一名出色的聆听者，他以身作则去引导别人做到最好。当他开口时，话语往往能一针见血。阿尔尼姆的第二位导师教会了他不要关注金钱、职位或是名望，要专注于全力以赴做到最好，不能走捷径。

和第 5 章中提到的中学时辍学的扎克·卡塞雷斯很像，阿尔尼姆发现导师们在他的职业生涯和个人发展中起到了极其重要的作用。作为惠普未来领导人项目中的一部分，他有惠普公司专门花钱为他请的"职业导师"，但是，对他影响更大的还是他自己找的导师。

当阿尔尼姆发现自己心仪的导师时，便会想方设法去赢得他们的注意。例如，他认识到单凭一封电子邮件是远远不够的，并且不同的人要用不同的方法去吸引其注意，世界上没有通用单一的"抢导师"的技巧。此外，他还发现，直接要求某人当你的导师是非常唐突的，尤其是当他们根本就不了解你的时候。跟扎克·卡塞雷斯一样，阿尔尼姆会思考他该如何打造一段双赢的关系，让导师也能从他们的“指导投入”中获得回报。不仅如此，阿尔尼姆还强调要找两种类型的导师——一种给他信心并不断激励他，而另一种则会毫不客气地提出批评并且不接受任何托词。

关键性思维转换

导师

导师在你的职业生涯和个人发展中可以起到非常宝贵的作用。有些人甚至并不需要知道你将他们视作导师，也依然可以在你的人生中发挥巨大作用。寻找方法让自己对导师也有所帮助，就像他们对你一样，让这样一种关系蓬勃发展。

在位于布里斯托尔的世界一流实验室中的经历同样也给予了阿尔尼姆展现自身坚韧品质的机会。分配给他的项目中有一些特殊的挑战。奇怪的是，其中一些挑战并不是直接由技术问题造成的，而是来自于实验室文化。按照英国老式的咬紧牙关迎难而上的行事风格，一个人不应该向别人寻求帮助。但或许因为阿尔尼姆是外国人，而且还是一个毫无经验的菜鸟，所以他不得不向周围的人询问工作情况。管理人员开始注意到阿尔尼姆愿意主动寻求帮助、建立关系、提问题——并且能够解决问题。

惠普刚刚在加拿大买下了一家小型创业公司，其管理层正在欧洲寻找一名工作支持者，要求有开放、灵活的思维，并且愿意彰显惠普的形象。于是，阿尔尼姆就成了不二人选。可是一旦开始去加拿大出差，他便被当地层出不穷的问题套牢——每次出差的时间也变得越来越长。一年后，他开始发现继续住在德国似乎有些傻，于是他终于实现了迁居加拿大的梦想。

接下来，阿尔尼姆对新文化的热爱造就了他人生中最重大的突破之一——他将一款新产品卖给了一位之前从未和公司打过交道的重要客户。阿尔尼姆说服上司让他去硅谷实地考察，并且和客户们“住”在一起。这是非常特立独行的做法，因为公司已经有一支很完善的销售和支持队伍了。然而，不到半年，阿尔尼姆就搞清楚了客户们使用惠普和其他公司产品的情况。他向工厂发回的反馈报告形成了一种新的对话模式——一种聆听消费者真正需求的途径，从而使惠普得以发展得更好。就这样，阿尔尼姆成了高科技之乡——帕罗奥图的居民。

改变职业生涯的时刻到了

阿尔尼姆的职业转变也许是受到了父亲海因茨的影响。后者总是说，当你已经把一件事情做得很好了，你就该换一件事情做了。“别等到后面的事情发生时再做改变。”他的意思是，别等到你已经厌倦它的时候再寻求改变。

不过，确切地说，阿尔尼姆并未完全厌烦他的工作。这首先是因为惠普给他的待遇十分优厚（他所在的公司有一部分最终从惠普独立出来，成立了安捷伦科技公司）。他不仅备受重视，拥有很棒的同事，而且工作本身也能提供智识方面的挑战。让他感到疲惫的是大公司里无法避免的钩心斗角和官僚作风。他也厌倦了每天上下班堵得令人抓狂的交通、高楼林立的景象以及他身边那些只关注技术和生意的人，他们有着世界一流的头脑，但有时思想却狭隘得令人惊讶。

因此，在近乎理想化的工作岗位上干了十几年以后，阿尔尼姆开始考虑进行职业转型。他完全不知道接下来要干什么，他只希望自己不会是只能做好一件事情，所以他希望新工作能和他现在的工作完全不同。当然，改变必然伴随着风险，但不改变的风险往往更大。

阿尔尼姆对改变的需求从本质上来说源自他想成为自己的老板——成为一名创造者。他也希望找到自己更擅长的事情，虽然他的年龄已经越来越大了。他最强大的资本之一就是他的分析性思维，这得益于他身为工程师的训练和经验——他知道，不管他选择怎样的职业，他都应该好好利用这个优势。

渐渐地，他开始考虑自己的选项。他总是随身带着一张纸，随时记录他想到的任何东西，尤其是那些比较疯狂的想法。每到周末的时候，他便把这些纸拿出来进行归类整理。6个月后，一个想法脱颖而出——木制品工艺。

阿尔尼姆以前从来没有做过木工，但是他被加拿大木制工艺品的美丽所吸引。原住民雕刻师给每件作品注入了独特的生命，这深深地启发了他。他喜欢木头的感觉，以及他和作品之间的交流方式，作品仿佛会对他说话，告诉他木制品工艺应该如何展开。这和阿尔尼姆在科技领域的经历截然不同，后者的驱动力来自不带感情色彩的一致性、准确性和效率。阿尔尼姆说："与木头打交道，强调的是感情、感知和耐心，其本质就是艺术。我想挖掘我内心中艺术的一面，开启新的职业生涯，并且借此用全新的方式去看这个世界。"

一旦想清楚了自己要做什么，阿尔尼姆就开始展望未来10 年中自己在木制品工作坊里和顾客们打交道的情景。接着，他想象未来的自己在自问："我是如何走到今天的？"

于是，有两件事情变得十分清楚：第一，他喜欢他想象中的情景，他希望实现它。第二，他将不得不辞掉他的工作——摆脱他的"金手铐"，跳进未知的水域。当然，这并不能保证他一定会成功。

"构想未来情景"的方法有一个好处，就是阿尔尼姆不需要为所有步骤制订好计划，他只需要让自己的头脑为新职业做好准备，而这个新职业碰巧可以利用他先前接受过的工程学训练。

当阿尔尼姆终于辞掉已经让他飞黄腾达的工作时，许多同事都认为他犯了一个巨大的错误，但与此同时，他们又很嫉妒他。在那以后，他的很多老同事光顾过他的工作坊，甚至非常喜欢在车间里帮忙。（后来，他有很多老同事都因公司合并或高科技的更新换代而丢掉了工作。）

职业转型很艰难，它远比阿尔尼姆预想的还要艰辛许多。由于他之前没有任何过硬的木制品工艺专业知识，所以他必须学习所有最棒的技巧，然后用木头、胶水和抛光漆做实验。他还得学习到哪里去找最好的材料，以及怎样让自己跟上最新的职业发展步伐。

阿尔尼姆以前从没有自己经营生意。他需要搞清楚该把什么东西卖给什么人。他必须确定成本、地点、物流，还要理解与资金流相关的所有复杂问题。他发现他过去在大公司工作的经历已经把他惯坏了，因为那时候有专门的部门照顾他和公司的所有需求。

阿尔尼姆面临的很大一部分挑战变成了如何优先分配他的精力。他没有足够的时间去同时应对所有的问题和挑战。他要搞清楚自己如何去完成所有的事情——宣传、销售、招揽生意、送货、测试、建造、回应请求、设计、解决问题、试验以及和新客户见面。除此之外，还要遵守建筑规范和其他条例。

不过，在某种程度上，一开始对困难的一无所知反倒帮助阿尔尼姆坚持趟过了一些水流湍急的区域。

正如阿尔尼姆后来意识到的，在他先前“构想未来情景”时，对于他并不了解的职业，他无法对职业的细节或是自主经营生意的细节做出任何规划。但那些最初的梦想已经开始设定他的“航线”，即他的潜意识思维，不断地将他引向这个新方向。当然，这一潜意识的定向引导还在继续，即使是现在，阿尔尼姆仍在不停地想象自己应该如何不断地改变、学习，以及成长——提升自己现在的技术。他说：“如果我有一刻空闲的时候，你就会看到我在车间里想象自己下一步该做什么。不管我去哪儿，不管我在做什么，我总是在想象接下来我要做什么。”

阿尔尼姆做的一件重要的事情就是构想自己在未来十年后的模样。他想象自己的生活会变成什么样，可以看到自己跟客户们在木制品车间里打交道。他很喜欢自己所看到的景象。

他一直在努力为自己创造逼迫自己不断改变的环境，避免满足于现状以至于走回从前的老路。现在，又过去了十多年，阿尔尼姆对于新职业充满了前所未有的热爱——即使这份工作和他之前想象的有很大出入。

阿尔尼姆以前十分欣赏和他一起在惠普工作的人，他们都绝顶聪明并且时刻让他保持着紧张感。后来，为了让那些人的精神时时陪伴着他，阿尔尼姆开始记录那些他崇拜、尊敬甚或是讨厌的人——他们都擅长于自己所从事的工作。他观察他们喜欢问什么类型的问题，以及是什么让他们变得如此优秀。

直到现在，阿尔尼姆还时时回忆起在惠普的时候，他那些如同“明灯”般的导师所说过的话。在他做各种木制品项目时，这些话让他始终走在正轨上。其中一些如下：

- 是的，它有许多很棒的特点，但是它的基本功能运行得怎么样呢？
- 把自己当成消费者，作为一个消费者去使用它，尽量实现消费者需要用该产品去实现的功能。

- 确保三方都能获利——供应商、消费者，以及我们自己。
- 了解并专注于自己的特长和成功。但同时也知道自己的不足，并且有办法获取帮助去弥补不足。
- 要着眼于未来。你迈出的每一步尽管可能很小，但是积累起来，你在这一路上就会越来越强大。想想复利法则。
- 不存在客户纠纷这种事情——这只是一个让关系更进一步的机会。
- 别因为自己上过销售课（或者任何其他类似的课）就以为自己很懂行了。持续做个 10 年，只有到那时候你才算是摸到门儿了。
- 要想办法去激发人们的潜力，帮助他们成功，这样也会让你获得成功，而不是反过来。

甚至在今天，阿尔尼姆仍会不时想象和他在惠普的老同事见面，为的是让他们鼓舞人心的态度始终存活在自己的心里。“我常常回想他们爱提的问题和爱采取的态度，并且和‘他们’一起审视我的最新想法和遇到的困难。当然，我没办法替换与他们共事的体验，但我已经将他们身上一些最好的东西带到了我的新环境中。”

现在你来试试！

智慧金句

阿尔尼姆将同事们向他提供的最有用的建议列了出来。

同样地，谁是你崇拜、尊敬甚或讨厌的人呢？在你的生活中，遇到过哪些在自己的专业领域十分优秀的人？他们通常会问哪种类型的问题以及会提出什么样的观点？

以“智慧金句”为题，列出你最喜欢（或者“不是最喜欢”，但有高度竞争力）的同事说的话。你对金句的选择应该符合自己的愿望和目标——这就意味着你本人为这份清单做出了创造性的贡献。你可以将这份清单作为未来计划的指导。

再培训

阿尔尼姆在改变职业时不想做的事情之一就是再接受正式的培训。相反，他想培养自己自由思考的创造力，这也是他选择木制品工艺的原因之一。所以，他并没有去上冗长的正式课程，而是修读短期课程并进行独立的工作和研究——阅读书籍，参观与木制品工艺相关的交易会和展会并在那里提许多问题。他也通过潜在的客户检验自己的想法以获得反馈，并且在自己家里进行各种各样的翻新项目来提高自身能力。

接着，一个特殊的机会出现了。当他回哥伦比亚看望家人和朋友时，他听说波哥大附近的埃尔罗萨尔小镇上有一座木制品工艺修道院，于是就前去造访。阿尔尼姆本人并不信教，但他对那些愿意献身于比自身更伟大事物的人充

满了敬意。

在僧侣的众首领之中，有一位银发的德国木制品工艺“大师”，他备受爱戴，而且似乎直接传承于中世纪木制品工艺协会。他具有魔力般的高超技艺在团队中展现得淋漓尽致。当地的木工在大师的指导下成立了一支12人的团队，为教堂、监狱和其他委托人制作木制品。阿尔尼姆问大师，这里有没有他能干的活，哪怕是在木工团队干完活后扫地或是干其他清理场地的活都可以，只要能让他留下来观摩一段时间。

这位说话轻言细语的僧侣只给了阿尔尼姆一句简短而含糊的回答。

阿尔尼姆回到加拿大后，给大师写了一封信（那种使用邮票的老式的信），但没有收到回音。

于是，阿尔尼姆又试着打电话。大师大概觉得阿尔尼姆值得信任，并且被他的坚持不懈所打动，在电话另一头简短地回答道：“这里永远欢迎你。”

阿尔尼姆终于等到了他最想听到的话。

“我应该待多久？”阿尔尼姆问。

“由你自己决定。”大师回答道。

阿尔尼姆所提出的请求是前所未有的——就像之前他提出过的所有“无理要求”一样。从未有人得到过在修道院短暂学习的自由处理权，正常学徒的学习期限都是好几年。

阿尔尼姆安排自己在那里待了14天。他住在修道院里，和僧侣们一起用餐，然后每天一起做木工。他过上了梦想中的生活，这也成了他人生中最美好的经历之一。他充分利用每分每秒的时间，提问题、尽力向每个人学习，同时努力保持谦虚、表达自己的感激之情，并且尽一切可能对他人有所贡献。他在僧侣的图书馆里学习、记笔记，并和大家一起分享。在那里，他开始打造自己的第一批项目，并不停地请别人提出批评和反馈。

阿尔尼姆的热情感染了大家。僧侣们和木匠们都被这位门徒对他们的极大尊敬和在修道院的努力工作所打动。他们也赞叹阿尔尼姆快速学习的能力。直到今天，阿尔尼姆还常回到修道院，向大家展示他们的训练和理念是如何不断地启发着他。他们坐在一起谈笑风生、交流想法、相互激励。当阿尔尼姆回到加拿大后，每当他翻阅原先的笔记时，总能从他们身上看到更多东西。

“也许，对我来说最重要的就是，”阿尔尼姆回忆道，“大师是如何鼓励我学习的。先观察，然后自己动手尝试，再观察，再动手尝试——不停地尝试，直到它超出我原先设想的极限。然后频繁重复这个过程直到它成为你内在的一部分。”大师努力确保阿尔尼姆能够形成不断自我提升的态度，以防他在一定高度上变得骄傲自满。现在，当阿尔尼姆每天在车间里工作时，脑海内还总是回荡着大师的声音。

谨遵大师的教诲，阿尔尼姆每次接到新的委托时，都要确保不断地将自己推向新的方向。在做每一个项目的时候，他尽量使自己有机会学到不止一种新方法，而是许多种新方法。阿尔尼姆为温哥华冬奥会和许多豪宅制作过木门和家具，还有咖啡桌、壁雕、礼品盒、乐谱架、壁炉台、橱柜、路牌，如果他乐意的话，甚至像砧板这种简单的活他也接。[17]他的顾客也都成了他的朋友。

注入活力

阿尔尼姆以前的高科技工程公司的工作环境非常有活力，那里有许多富有见解的谈话、理念和不断鞭策他的同事。他很想知道，在他开始单打独斗之后，怎样才能保持那种在团队工作中获取的活力呢？

对于这个问题的思考让阿尔尼姆意识到，与他的直觉相反，时间并不是他最重要的资源。事实上，最重要的资源是活力——包括生理的和心理的。那么他要如何发展并维持活力？阿尔尼姆开始经常散步、远足和骑自行车。他发现有趣的想法和解决问题的答案常常在他漫步于大自然之中时涌现出来。甚至散步之后洗澡的时候也会有收获："淋浴房就是我的创造力办公室。"

阿尔尼姆没有想到他会如此想念在惠普时期的表现评估。他不喜欢负面反馈，但他总是利用这些评估去完善自己。现在，阿尔尼姆采取他所谓的"事后剖析法"。他每完成一个项目就做一次剖析，向自己、客户、朋友，还有同事提出许多问题，这样他就知道应该如何提高下一个项目的质量了。

阿尔尼姆在以精湛的工艺为荣的同时也努力试验并接受自己的错误。他知道创造需要对错误保持开放的态度。正如他所说的："当事情出现问题或者没有达到预期时，采取积极的态度，找到使事情变得比预期更好的办法，这么做非常有趣。"

化消极为积极

许多人会因为某个老师所带来的一次负面经历而封闭自己。比如说，如果他们有一个糟糕的数学老师，那么从此以后他们便有可能以此作为他们失败的解释。但阿尔尼姆不同。他总是努力将最令人失望的老师也看作导师。例如，阿尔尼姆在青春期时遇到了一个大家都不喜欢的数学老师，他几乎浑身上下都散发着恶意。有一次，这个老师叫阿尔尼姆上去当着全班同学的面画一个大圆。阿尔尼姆照办了。"不对！"他的老师叫道，"太小了！"阿尔尼姆按照他的要求重画了。这时，他的老师转向全班同学说道："这就是阿尔尼姆的数学考试分数！"

阿尔尼姆深受打击，但他决定这绝不会成为他的命运。阿尔尼姆的父亲一直提出帮他补习数学，数学老师的这次公开羞辱让他不得不接受父亲的提议。几十年后，作为一名在电子工程学专业取得硕士学位的成功的数学学生，阿尔尼姆产生了一个令人吃惊的想法：他认为数学老师其实是在帮他，逼迫他接受确实需要有人帮助自己学数学的事实。

现在你来试试!

积极的力量

即使是让人失望透顶的人也可以对你的人生产生积极的影响。以“化消极为积极”为题，写下你认为如何才能化消极的遭遇为积极的学习经历。要想给这个练习增添乐趣，可以找一位乐观向上的朋友，交换一些你们的乐观想法。（但不要让自己掉入美化消极事物的陷阱！）

风险和改变

阿尔尼姆冒着潜在的风险建设新的职业生涯。然而，比起每天几小时的通勤时间来，他还是更愿意承受创业伊始的痛苦，何况在通勤的路上他还会一直在担忧，会不会突然有一天他被公司裁员或淘汰。

阿尔尼姆指出：“能过上最有趣的生活的人，往往是那些愿意冒险和犯错，并且愿意从错误中吸取教训的人。”他解释道：“思考的天赋往往伴随着尝试它、塑造它和使用它的责任。”

作为一名电子工程师，阿尔尼姆忍不住将他的大脑比作一个操作系统。操作系统的升级往往能提供更好的性能，尽管这几乎总是会伴随着暂时的小毛病和问题。阿尔尼姆认为他有必要去冒险，因为只有这样他才能逼迫自己打开思维，做出改变。而且，不可否认的是，在转入新的职业生涯后，阿尔尼姆不得不改变他的思维模式、态度，以及价值观。

但是，他还发现了另外一种比他尝试过的任何事情都要强大的改变方式，那就是我们下一章要探讨的内容。

现在你来试试!

创造你的梦想

阿尔尼姆构想了他 10 年后想要成为的人。如果让你做类似的练习，你会怎么构想你自己？你将需要做些什么来让你展开梦想？以“我的梦想”为题，写下你的想法。

第 11 章

CHAPTER11

慕课课程与在线学习的价值

成人学习正在发生翻天覆地的变化。也许领略这些变化的最好方式就是去了解一个特殊的人群——“超级慕课学习者”，在慕课上学了十几甚至几十门课程的人。我们先从我们的老朋友阿尔尼姆·罗迪克开始讲起。事实上，他不仅是一位手艺高超的木制品工匠，还是一位大师级慕课学习者，已经在慕课上学了超过 40 门课程。由于我们对阿尔尼姆的过去已经有了一定了解，所以更容易理解超级慕课学习如何造就了如今的他。接着我们将继续探访其他超级慕课学习者，看他们是如何利用自己在慕课上学到的知识的。

> 我喜欢学习，并且阅读广泛。但是既能给一门学科提供导论，同时又能精准涵盖这个领域重要内容的优质阅读材料不太好找。然而我很幸运，因为这正是绝大多数慕课课程所提供的！
>
> ——卡什亚普·杜姆古尔（Kashyap Tumkur）
>
> Google Verily 生命科学部门软件工程师

所有这些都是我们这次旅程的先导，最后我们会到达一个非常特别的地方。（提示：那里的“天花板”很低。）

阿尔尼姆邂逅慕课

阿尔尼姆以前曾在高科技行业工作，我俩认识则是在 10 年之后了。他当时的老板经常慷慨地给员工们提供培训项目和机会。但是，当阿尔尼姆开始准备自主创业时，他意识到自己正面临着一个问题：没了原先老板所提供的公司内部培训，他该如何继续学习下去？（他的问题很有普遍性。自从“零工经济”[⊖]兴起，人们更多选择做独立承包商而不是全职员工后，这一问题变得越发严重起来。）

不仅如此，在原来的高科技公司，阿尔尼姆已经习惯于从身边学识丰富的人身上汲取新的见解。但是在他的木工工作室里，绝大多数时间只有一只猫与他为伴。同时，原公司的高科技环境一直在不断变更、日新月异，阿尔尼姆担心自己转入木工这样古老又似乎一成不变的行业会让他的才智发展进入死胡同。

为了避免自己的担忧成真，阿尔尼姆开始选择承接那些可以让他不断学习新的木工制作方法和技术的生意。他还给自己定下惯例，每天早上至少要花 1 小时，通过阅读从图书馆借来的书或是利用播客和博客来学习新的知识。

⊖ 零工经济（gig economy）指由工作量不大的自由职业者构成的经济领域，利用互联网和移动技术快速匹配供需方。——译者注

几年前，阿尔尼姆从一位佛教僧人那里学到，每天早上要做的第一件事情就是让自己的头脑和精神都迈上正轨，这一点非常重要。僧人还告诉阿尔尼姆，新闻都是“越血腥越吸引眼球”，时事新闻就是通过这种报道来让人们为与自己毫不相关的事情感到恐惧和忧心忡忡，甚而挫伤开启新一天生活的积极性。(这让人想起第 2 章中克劳迪娅所体会到的与抑郁症相关的反应。)

阿尔尼姆听取了那位僧人的建议，在工作日的早晨都不看新闻和邮件。他向来醒得早，但会先闭目在床上躺一会儿，温习前一天自己新学到的知识和词汇，接着再在脑中预演一遍新一天的工作内容。

多年来，阿尔尼姆一直都在努力让自己的大脑保持活力，不断地接纳富有挑战性的新话题和新思想。但是他发现，学习材料越困难，他自学起来就越吃力。哲学或现代艺术的教科书有时候宛如天书。在这种时候，播客和博客也帮不上什么忙，因为它们就这些学科所探讨的广度和深度远不能满足阿尔尼姆的需求。网上有教学视频，但内容大多偏实践性，比如教大家怎么操作锯台或者相机。

阿尔尼姆真正想要的是富有真才实学的优秀导师，就像大学教授那样能精炼出学习材料的中心内容，再用通俗易懂的方式转述给学生。他还想像当年在大学里那样，和同学们一起积极参与探讨学习内容。

2012 年，阿尔尼姆偶然间听了一个 TED 演讲，题目叫

“我们正从线上教育中学到什么”。演讲人是达芙妮·科勒（Daphne Koller），她不久前刚联合创立了 Coursera 公司。这家公司与各高校合作，将它的课程以慕课课程形式发布到网络平台。达芙妮谈到 Coursera 上的慕课课程是如何打开全球学习者的视野的。他们的慕课课程远不只是视频而已——他们还提供讨论、测验和学生互评作业，以帮助学习者更好地掌握学习内容。这听起来正是阿尔尼姆在寻找的大学学习模式。

这一慕课在线学习形式的大部分构想都不算首创——很多大学早就开设了线上课程。Coursera 和其他类似公司提供的这些课程新就新在普及性高并且价格低廉，有很多甚至是免费的。慕课课程具有某种故事情节性——有开端、中间和结尾。你可以和一群同学一起上课，其中一些人还会成为你的好朋友。课程通常会变得有些竞技游戏化——学生们至少能够看到自己在班级里的进步情况。课程结束时还有奖励——一份来自斯坦福、耶鲁、普林斯顿这种世界一流名校的结业证书。这些班级的独特之处还在于其规模之大——通常有上万甚至数十万名学生。这也是它们吸引人的地方之一——大规模班级不仅使得成本大大降低，还向学生提供了国际化的交流机会。

阿尔尼姆被达芙妮的演讲深深吸引，去报名参加了他找到的第一门慕课：斯科特·佩奇（Scott Page）的“模型思维”。斯科特的这门课并不注重特殊效果或是高昂产值，而是深入探讨如何使用数学模型来组织信息、进行预测，并做出更好的决策。

阿尔尼姆一头扎进了慕课的世界。他还会花时间去看每门慕课列出的补充材料，包括参考书和教科书。他发现有了慕课的帮助，深奥的数学公式和复杂的哲学观点都变得容易理解了。就好像有位教授在陪着他，带着他在学习的道路上披荆斩棘，双倍强化所学的内容。慕课让阿尔尼姆想起他早年的大学时光——只不过他不用再为了上课而完全或是部分地搁置自己的生活。

阿尔尼姆发现他想学什么就可以学什么。令他惊讶的是，他还发现一些课程优秀到连相关领域的专家都在修读它们，这些专家就这样成了阿尔尼姆的同学。这给了阿尔尼姆绝佳的机会来向教授之外的其他专家学习。每天上午学习慕课的一两个小时成了阿尔尼姆一天中最兴奋的时刻。

在过去的四年里，阿尔尼姆学习的40多门慕课深刻改变了他的学习方式。他说：

> 去年，我和妻子去了里斯本著名的现代艺术博物馆，但我逛得很痛苦。大部分的作品我都不喜欢，还百思不得其解为什么这些能叫艺术。但是看到其他那么多参观者都乐在其中，我就感到非常好奇。所以我去上了完整的一系列与艺术相关的慕课，还读了很多相关书籍。如今我虽然称不上艺术专家，但我看待和欣赏艺术的方式已经彻底改变了。现在我的工作也在发生着变化。

阿尔尼姆喜欢上来自不同大学、主题相关联的慕课。通过这种方式，他可以获得来自不同大学、跨越各种领域的广阔思维视野。过去，大学生的日子大多过得紧巴巴的，这种学习机会是绝无可能的。他认识到，现在，在经历成熟积淀以后，自己正以一种前所未有的方式学习，可以看到年轻时在大学里因生活阅历不够而看不到的事物间的联系。

阿尔尼姆的个人朋友圈也因慕课而扩大了。他和妻子定期与慕课课友聚会——他们都是被他推荐去上慕课的当地朋友。聚会时他们就可以讨论刚学到的内容，有时可以从他人不同的视角来理解学习内容。他表示："慕课改变了我的生活，并且仍在继续发挥着作用。我就等于是在环游世界，游学于一流名校。这总共都花不了多少钱，但是，当然了，要投入大量的时间和精力。是的，学习当然很难，因为我所说的'学习'，是指真正地改变自己，并能以全新的方式看待和思考事物。"

这是阿尔尼姆上慕课和阅读相关材料时记的一些笔记。慕课使阿尔尼姆在充实的家庭生活和繁忙的日常生意经营之外依然得以继续高阶、大学水平的学习。

像阿尔尼姆这样的超级慕课学习者形成了一个新的群体，启发我们探究慕课可以如何彻底改变学习和获取学位证书的方式。

关键性洞鉴

学习机会的价值

在进行职业和工作选择时，应将职业能给予你的学习机会作为一个重要的考虑因素。新的环境能对新阶段的学习提供多大支持？

超级慕课学习

上十几门慕课课程（有人甚至上了四五十门）这一现象为观察当前在线学习平台所推出的内容提供了一个特殊视角。仅仅是超级慕课学习者的存在就表明，人们正在通过慕课找到一种特殊的挑战与充实感。这种感觉就和象棋令人着迷，扑克牌游戏让人感觉刺激，或是缝被子联谊会那种拉近人与人之间距离的感觉差不多。这意味着花点时间去和一大群来自不同领域、自觉努力的学习者打交道是绝对值得的。

但对这群如饥似渴的在线学习者来说，传统的大学学位似乎还是很重要：很多超级慕课学习者已经拥有学位了。他们上慕课通常是为了获取一门新的专业知识，以更灵活实惠的方式习得第二技能。超级慕课学习者很清楚，很多老板都喜欢能不断更新知识储备、愿意拓展技能组集的自我激励型员工。

我们最好能直接从超级慕课学习者身上了解这种精神动力。[1] 现在就让我们开始吧。

“免费 MBA 课程”

劳里·皮卡德（Laurie Pickard）就职于美国国际开发署，这是管理美国大部分对外援助预算的联邦机构。她被派驻在卢旺达的基加利。她拥有欧柏林大学的政治学学士学位，曾经在费城的公共学校教书，后来又获得了天普大学的地理学硕士学位。劳里加入和平工作队前往尼加拉瓜做志愿者，从此开始投身于国际发展事业。

为达成获得 MBA 同等学力的部分学习指标，劳里已累计上了 30 门左右的慕课课程（上到 20 门以后她就不再计算课程数了）。她称这一学习项目为她的“免费 MBA 课程”，并自 2013 年年末开始在 nopaymba.com 网站上发布关于该学习项目的博文。劳里承认她获得的教育并非完全免费——最大的开销是在派到中非时的高速上网费用。但和 MBA 学位课程的价格相比，慕课确实帮劳里省了一笔小钱。

劳里·皮卡德在卢旺达为获取 MBA 同等学力进行“超级慕课学习”。

劳里的工作是负责与私营企业展开合作，帮助提高发展中国家人民的生活水平。她特别感激慕课学习让她能将所学知识直接应用到国际发展工作中。她说：

> 我尤其关注创业和公私企业合作领域。我培养出了新技能，常学常新，而且，自从开始慕课学习以来，我甚至获得了晋升。我可以实时应用所学的知识，这是全日制学习完全比不上的。知道自己掌握了商务语言后，在和私营企业的高管洽谈合作机会时，我比以前自信多了。在学习完基础知识后，我开始在慕课上按需学习，选择我需要的慕课课程来培养新技能，拓展新知识。目前我在非洲，正在上一门关于双边市场业务（就像 Uber 和 Airbnb）的课程。我觉得我的世界观改变了，发展出一套新的词汇储备，还结识了来自世界各地的同学。

自助数据科学硕士学位课程

23 岁的大卫·文图里（David Venturi）攻读化学工程和经济学双学位时的第一份毕业实习耗尽了他对化学工程的热情。机缘巧合，一位曾采访过慕课供课方的朋友带他进入了慕课的世界。他先试着上了 Udacity 的“计算机科学导论”，这是一门计算机科学入门课程。（Udacity 是一家慕课供课平台，与一般大学课程不同，Udacity 旗下的课程侧重于为专业人士提供职业教育，不过，最近它开始与佐治亚理工学院合作，推出计算机科学硕士课程。）

大卫脑海中灵光一现：编程是他一直在寻找的理想学科和职业！但是他该如何过渡进入这个全新的领域呢？他所能想到的最直接的方式就是再读一个学士学位——这次要读计算机科学。因为他还不具备申请该专业硕士学位的资格。

大卫提出申请，并被加拿大该领域最好大学之一多伦多大学录取。他兴高采烈地出发去了新学校，计划攻读完这里的计算机科学课程，哪怕他同时还要在附近的加拿大女王大学完成双学位课程学习。他开始去上课，但很快他就尴尬地发现这里的课程质量远远比不上他在网上学习的课程。另外还出现了现实的压力。在这里一年的学费就要约 10 000 加元，而他得花 3 年时间才能拿到第二学士学位——这期间几乎挣不到什么钱，但债务却在不断叠加。开学第二个周末他就退学了。对此他解释说，传统大学模式对计算机科学来说“感觉并不是很适用”：

> 记得我坐在讲堂里，只觉得相较于在 Udacity 的学习体验，这里的学习不但进度缓慢，而且效率低下。我一直都不喜欢听老师讲个没完没了……我通常不得不在回家以后把所有内容重新学一遍。慕课模式下不那么强调听课，更注重动手操作，而且有暂停键，这样我可以学得更快更高效，而学费跟传统大学相比则微不足道。

现在，就在双学位课程即将结业期间，大卫依然在利用网上资源自学数据科学硕士课程。他已经修完了约 50% 的课程，该课程项目总共包括大约 30 门独立的慕课课程。[2]

除了为广大学生提供高效学习途径，慕课相较于传统大学课程还可以为学生们节省大笔开销。据大卫估计，他在慕课上学习该课程项目总共只花了 1000 加元出头。他表示，这么对比下来，"花 30 000 多加元只为重返校园显得很不负责任。"

自助学位课程项目的优缺点

以下是大卫就他本人的自助学位课程学习情况所做的总结。

优点

- 多亏了慕课，我终于找到了能让我充满干劲的职业道路！
- 我节省了几万加元，这还不包括获得了更快进入职场的机会成本。
- 没有规定的额外选修课。我只学我想学的东西，更迅速，更高效，同时花费也更少。我自主选择要上的课程——这是很重要的考虑因素，因为我之前本科就已经修过不少课程了。
- 我可以走学习的快速通道，而不用遵循每学期四个月的死板时间安排。
- 无论何时何地，我想学就能学。自由安排上课时间和"教室"的感觉棒极了，我只需要一台笔记本电脑和一副耳机就可以上课。尽管每周的学习时长和从前读化学工程时一样，但我却感觉远比之前更轻松自在。这可能和吸收知识的效率提高以及不再有各种严格的截止日期有关。

- 我通过 Twitter、Slack、LinkedIn（Udacity 在 LinkedIn 上有一个纳米学位校友群）以及我的个人网站与世界各地的人交流。下个星期我就约了一位印度的慕课毕业生用 Skype 进行视频聊天。这真的很酷。
- 我在帮助和鼓舞他人——自己也因此而受到鼓舞。有不少人，包括朋友和陌生人，都跟我联系，告诉我说他们被我的经历激励，并希望我能指导他们进行线上学习规划。我看到自己鼓舞了别人，还能帮助他们前进，心里会产生极大的成就感。
- 我正在提高人们的意识。很多人还不知道在 Udacity、Coursera 和 edX 上有海量的学习资源。我觉得自己很幸运，在合适的时机发现了慕课的存在，并且能从中受益。我希望其他人也能知道线上学习的存在，这样他们就不需要靠运气去获得可能会改变他们人生的教育。

不足之处

- 工作与生活间的平衡变得不好把握。自定进度的学习需要有自我约束力。没有教授不断敦促和威胁到成绩的作业截止日期，要抑制社交需求来保证学习进度会变得格外困难。在进行慕课学习时，你需要更审慎地分配时间给家人、朋友、运动、娱乐、学校、人际关系网和睡眠。

- 不具备传统大学里那样的同学互动水平。虽然慕课可以连接来自世界各地的人，一定程度上弥补了没有面对面互动的不足，但是如果能和附近一起上慕课的同学在一起玩就更好了。Meetup 和 Udacity Connect 正尝试着提供类似服务，但目前业务尚未发展完善。
- 灵活的截止日期导致怀疑和愧疚。我从不会去担心我是否在学习新知识，而是不停地问自己：我的进度够快吗？今天学得够多了吗？天哪，今天健身和做饭就花了我四个小时！在大学里我从未对我的学习进度感到不满过，因为每个人的截止日期都一样。而当你为自己量身定制学习计划和所学课程时，你同时也为自己定下了目标基准。

在慕课学习中，鼓励信息浏览，挂科也是一种选择

来自澳大利亚昆士兰的帕特·鲍登（Pat Bowden）已经退休，她认为慕课能让她追寻早年没有机会发展培养的兴趣爱好，所以便开始了在线学习。她的第一门慕课课程是天文学，结果考试没有及格（这时距离她上中学物理课已经有 40 年了）。接着她成功通过了 71 门课程——并且又挂了 12 门。

帕特，这位前银行主管表示："慕课为我打开了一扇通向新世界的大门。之前我以为退休生活就是做做手工，在院子里种种花草。结果恰恰相反，尽管我的慕课生涯开局不顺

利，但在过去的几年里我学到了很多东西，如今已经有信心开启我的写作生涯了。”

这里需要指出“挂掉”一门慕课课程的真正含义。它和传统课堂中的挂科不同。一方面，风险要低得多——慕课成绩不会出现在大学成绩单上。另一方面，你有机会重修这门课——如果你有一门慕课课程挂了，通常几个月后你就可以重修这门课了。

外派到卢旺达进行外援工作的“免费 MBA”攻读者劳里·皮卡德指出，在传统意义上，你是不可能真正挂掉一门慕课课程的。因为慕课的宗旨是按照你自己的速度学习，并探索你当前学习能力的极限。慕课的另一个好处就在于你可以很方便地暂时退出一门课程，然后去学另外一两门课来补充先前这门课程所需的背景知识，以便成功地完成该课程的学习。

尤尼·达扬（Yoni Dayan）（下文中还将继续提到他）是一位教育技术企业家和超级慕课学习者。他表示，很多学习者只对慕课课程的部分内容感兴趣，或者只想快速浏览学习材料，观看特定视频。他们也许不会完整地上完一门慕课课程，但他们却在利用慕课帮他们完成自己的学习目标。从这一意义上来说，慕课很像教科书。学生必须购买价值 250 美元的教科书，书中的内容可能一半都用不到，但没有人会因为教科书的低“学成”率而抱怨它们不值这个价。

加强业务相关技能的自我提升

克里斯蒂安·阿尔托尼（Cristian Artoni）是意大利一家大型运输公司首席运营官的运营经理和员工分析师。他学习了近50门慕课课程。他热爱学习，一年还至少阅读十几本与他正在学习的慕课课程有关的图书。

在他的LinkedIn个人资料上，他上过的慕课课程单显示了他涉猎极广的兴趣爱好，包括古代哲学、管理学、电子表格、公共演讲、谈判，当然还有“学会如何学习”这门课。这些课程看起来似乎杂乱无章，但其实克里斯蒂安的选课有着一套严密的逻辑。从本质上说，他从这些课程中学习理论概念与实践观，这些不仅让他成为更出色的人，还让他懂得如何更高效地工作。

克里斯蒂安学习的基石在于学会了如何更高效地学习。有了这一能力，他觉得自己能更轻松地学会很多其他技能。在公司里，克里斯蒂安扮演的角色是导师、教练和训练员，所以他发现了解人们的学习方式极其重要。关于领导技能、沟通和谈判的慕课课程也很实用，这些课程让克里斯蒂安能更好地挖掘新理念，将它们传达给他人，并说服别人实践这些想法。

克里斯蒂安还很重视批判性思维。他说：“哲学是这一技能的根基，而逻辑则是工具。”与之相关的是解决问题和时间管理的能力，这些是克里斯蒂安日常工作的核心要求。

克里斯蒂安成为“学会如何学习”这一慕课课程的高级顾

问，随后接管了该课程的意大利语版本。在他的带领下，招募 50 名志愿者和翻译相当于一部百科全书的工作任务几乎在一夜间就完成了。他从慕课课程中学会的组织培训技能和他天生的精明强干帮助我们优化了这门规模庞大的课程的管理，使之前的教学方式相形见绌。

> 我最近开始尝试在线学习。这挺好玩的，也很让人放松。我可以自己选择上课时间，还可以重播视频，直到我理解了关键内容——这些在常规课堂里是做不到的。我认为在线学习是我学习新技能的最好方式。
>
> ——萨努·多·埃德蒙（Sanou Do Edmond）
>
> 来自布基纳法索的三年级统计学学生

精调和拓展专业技能

杰森·切利（Jason Cherry）是公共服务非营利性部门的项目评估员和数据库管理员，他发现慕课提高了他的工作绩效。杰森的同事大多是社会工作者，这意味着他很难在工作中找到高科技类型的同事来一起精调技术技能。一开始，杰森通过修读慕课课程来提高他的分析技能，学习网页制作和编程。一旦开始，他就停不下来了——到目前为止，他已经完成了差不多 35 门课程。杰森说："我特别喜欢慕课的一点就是它的灵活性。尽管还是有截止时间，但是我可以按着自己的进度，想学多快就学多快。我可以花一个下午的时间轻松地突击学完整整一周的课程内容。"现在，杰森正在用从慕课上学到的预测建模知识帮助公司的发展部门展开工作。他的公司从未享受过如此卓越的技术支持。

重塑自我

来自艾奥瓦州得梅因市的布赖恩·布鲁克希尔（Brian Brookshire）从小就是成绩名列前茅的聪明孩子。尽管他有很多朋友，也谈过很多次恋爱，甚至还加入了一个兄弟会，他却始终不太会处理人际关系。他说："我对社会交往始终没有一套好的算法。人们总会问我为什么总是沉默寡言，而我总会回答，'因为我不知道该说什么'。"

他本科毕业于斯坦福大学的日语专业，几个月后他又来到韩国，开始了高强度的一年制韩语学习。一天晚上，他上网打发时间，看到一个网络测试，上面写着："你知道她什么时候准备好接吻了吗？"他被吸引了，点进了测试。测试结束时弹出来一个教人如何约会的网络课程广告。抱着玩玩的心态，布赖恩报了这门课，压根儿就没想过能学到什么有价值的东西。但是他在学习中接触到了各种理念，涉及进化心理学和一般性自助、销售与市场营销中的技巧适应，这些像旋风般袭来的知识很快就让他接受了一个对于他而言颇具革命性的观点：社交技巧确实是可以通过学习获得的。

布赖恩说：

> 很快我就发现网上正在推广一系列完整的男性约会技巧研讨课，还有很多讨论该课程内容的网站论

坛。我每个都试了一遍。我惊奇地发现，很多探讨内容本质上都不是关于约会的，而是在着重强调换位思考和理解别人的过往经历。我明白了在其他人的人生中也有和我一样的担忧、牵挂和希望。正如一位讲课者所说的：“一个问题越是个人化，它就越具有普遍性。”

课程很有效。在六个多月的时间里我结识并约会了大约 60 位女性，其中一位最终成为我的妻子。课程的溢出效应渗透进了我生活的方方面面。如今我可以轻松应对社交，这种感觉之前从未有过。结识新朋友成为一件真正令人激动的事情。

通过在线课程重塑自我已经是多年以前的事了，但是它让布赖恩懂得，学习能够让他的生活发生惊人的变化——其范围远远超过了他所能想象的可以通过一般学术途径获得的改变。布赖恩创下过全国举重纪录，上过时尚杂志，能够说一口流利的日语，韩语也说得很流畅。这对于一个来自得梅因的“乡巴佬”来说非常值得称赞。

先前的重塑自我经历开启了布赖恩最新的学习之旅。他想了解更多关于微生物学的知识，于是就报了一门慕课课程。不知不觉中，他已经上了 15 门生物学课程，并且感觉多年来从未如此自得其乐过。他总是会问自己：“我怎样才能更上一层楼？”他考虑过去读一个生物学博士学位。但是回到本科院校蹉跎三年岁月以获得申请攻读博士的资格太没意思了。因此，在一个在线计算机科学课程的启发下，布赖恩尽可能利用同等慕课课程编排了一套生物学本科课程——他在博客上发布了他所做的工作。[3]

布赖恩能否获得博士学位，我们拭目以待。但是在此期间，他的学习历程以及他之前已掌握的工作和语言技能让他了解到，有一个融合了生物学与商业的新兴市场正在亚洲萌芽。

身残志坚

超级慕课学习者“汉斯·列斐伏尔”（Hans Lefebvre）11岁时失足摔倒，不幸导致四肢瘫痪。[4]他通过嘴衔小棒在键盘上打字，或者是使用语音识别。现在他已经获得了天体物理学硕士学位，还想再读一个计算机科学硕士。但是由于他没有修过某些规定的课程，所以没有资格跳过第二学士学位直接进入计算机科学硕士阶段的学习。

然而，汉斯发现，他想去的那所大学的硕士课程还有另一种入学方式——通过他们的同等学力考试。为了达成这一目标，汉斯修了50多门计算机科学慕课课程，成绩都名列前茅。他甚至还成了普林斯顿大学算法慕课的顾问。汉斯觉得他还得再修一些课程才能做好考试准备，但慕课上便利的在线高阶课程使这位天才学生对未来有了梦想。汉斯的长远目标是去大学里做科研工作。这不是一个遥不可及的梦想——毕竟汉斯所在的城市是欧洲对残疾人最友好的城市之一。

汉斯表示："我喜欢学习，所以我乐在其中。学得越多，我就越知道自己的技能有多不足，但这一点只会激励我继续学习下去。"

社交思维转换：利用慕课发展新社交网络

法裔以色列籍企业家尤尼·达扬今年 34 岁，毕业于索邦大学国际事务专业。他一直对新兴公司很感兴趣。18 岁时，他就和别人联合创办了一家测评视频游戏的公司——从那时起，他就决心要创造能帮助他人的业务。

这是一种福祉，同时也是一项挑战。因为尤尼一直处于身边"自发的"社交圈之中。作为一个十多年前的大学生，他在国际事务这一领域建立起了职业人脉。但对于他这样一位企业家而言，现有类型的人脉远远不够。他需要一个以企业家身份为导向的人际关系网，以便培养他的商业头脑。

慕课为人际关系网的建设提供了绝佳机会。尤尼上过几十门慕课课程，大多是商业和企业类的，还有一些涉及编程、创意和设计等相关领域。尤尼说："通过一起为准时上交小组作业而奋斗，通过策划线下聚会，以及通过分享彼此的经历，我的网课同学们已经发展成为朋友和合作伙伴。"在过去的几年中，一步一个脚印的点滴成功以及志同道合的网课同学们的不断支持使得尤尼有信心让内心的企业家梦想茁壮成长。除了很多其他项目，如今他正在为他从慕课学习中获得的理念和人脉进行融资，以创办一家新公司，专门评估人们获取知识和技能的非常规方式。

当一名通才

保罗·亨达尔（Paul Hundal），来自温哥华的超级慕课学习者，是一名 59 岁的律师。最近他在 edX 上完成了他的第 100 门慕课课程。如今，专门的编程和商业技能非常有用，导致人们总是忘了社会同样需要通才。而正如保罗所指出的，成为一名律师的关键是要成为一名通才。科学家必须对某个专门领域非常精通，而律师则必须把每一个案子当作包含不同问题，有时还是隐蔽问题的全新事实类型来进行分析。知识面越广，保罗就越能分析好一个案子的情况。

在过去的 20 年里，保罗一直是加拿大最老牌的环保组织之一——环境保护促进协会的董事会成员。他负责组织领导了一系列环保活动，如保护空气和水质量、保护原始森林、保护野生动物栖息地，以及减少废物排放。这些活动要求保罗博学广识，许多学科知识都得掌握，这样才能有效倡导人们保护环境。

保罗的学习方法一直都是搞清楚事实和科学。他回忆道："25 年前，当我想快速了解某一专业领域的知识时，我总会打电话给当地的大学，直接和某位学术专家交流。那个时候，大学教授们惊人地愿意和冷不防打电话来的陌生人交流，尤其是当他们得知我打电话的来意后。然而，这些年来，打电话的可行性越来越小。人们不会再像从前那样去理会突然打来的陌生电话了。”

现在网上有很多信息资源，但是学会区分好坏才是关键——20 个资料来源可能会引用同一个错误表述，而这一错误表述往往来自于同一个劣质来源。一直以来，保罗都不得不自力更生，去寻找能让他把工作做好的相关知识。他说：“第一次听到 edX 这个由世界上最优秀的教授授课的免费在线课程平台时，我马上就确信它价值无穷。有了它，我可以在家里轻松而快速地学习几乎所有领域的课程，从世界上最好的学术研究中获益。我上了 100 门慕课课程，这一美妙的体验以一种极高效的方式大大拓展了我的知识面，让我可以与他人分享这些知识。慕课学习让我成为更优秀的律师和环境保护者，去更好地倡导环保和创造更美好的地球。”

关键性思维转变

在新型学习形式下，你就是驱动者

记住，新型学习形式可以让你主导学习。慕课是一种重要的新资源，可以助你实现学习目标，不论这是否需要专业技能、软技能，甚或学习技能本身！

改变你的思维：在线学习让它变得更容易

乔纳森·克罗尔（Jonathan Kroll）是一名热爱语言学习的企业家，这么介绍好像有点太低调了。在加利福尼亚大学圣塔芭芭拉分校读书时，他主修法语和西班牙语，还辅修了葡萄牙语（这只是因为他不被允许主修3门专业）。此外他还学了拉丁语、意大利语和加泰罗尼亚语。

乔纳森的数学造诣可不像他的语言天赋那样出类拔萃。事实上，他数学学得一塌糊涂。但是这对他来说不是什么大问题，因为他之前只考虑在外交部门工作。

然而，就在毕业前夕，乔纳森被那时刚刚兴起的互联网的前景所吸引。这个产业中创业机会呈井喷之势，乔纳森也加入互联网公司和服务创业大军中，竞争对手包括Facebook、YouTube，还有Gmail。

那时候的白天，乔纳森去上课，努力学习一直以来让他得心应手的那些语言；到了晚上，他回到家中，研究、学习并尝试编程语言。他惊喜地发现，他的语言技能可以转换到计算机领域——通过多年的语言学习储备下来的语法、句法和语义知识提前锻炼了他的思维，帮助他更轻松自如地消化理解计算机语言规则。（我们再一次见证了先前所谓“不相关”的专长可以为新的职业提供惊人的优势。）

终于，为了对自己正在进入的商业领域有更深的了解，他决定去商学院进修。于是他开始着手准备GMAT（研究生管理专业入学考试）。GMAT很重视数学能力，所以乔纳森知道自己肯定要打一场苦战。考试时不允许使用计算器——他必须手动计算每道题。每道题的答题时间不超过两分钟，所以考试时每一秒钟都很重要。然而，29岁的乔纳森在没有计算器的帮助下几乎做不了简单的乘除运算，更别提分解多项式或是在一个圆形排列中求出 N 个不同元素的排列总数。

他参加了考试。看到成绩后，他就像被半拖车碾过一样，深受打击。说他数学不好还不够贴切——很明显，小学一年级的学生都能考得比他好。

从哪里跌倒就从哪里爬起来，他重整旗鼓，从头开始学习。了解到自己的数学基础有多差后，他决定从小学数学开始复习。除了接受导师和备考专家的辅导，他还会自己一个人用功好几个小时。就这样，他一点一点掌握了每一个数学概念。

在两年间，他参加了六次时长四个小时的 GMAT 考试。除此以外，他还考了四次 GRE（研究生入学考试）。最后，他的成绩在全美广大考生中名列前茅。真正重要的是，通过两年的学习，乔纳森彻底改变了对自己数学能力的看法，他知道了自己终究可以学好数学。

乔纳森深知必须有更好的方法来帮助人们学习 GMAT 和 GRE 一类考试中的定量部分（所有与数学有关的考题部分）。他和他之前的导师从一家已经存在的名叫“目标测试辅导”的公司中看到了巨大的机会。这家公司潜力无限，但仍待开发。该公司的资产就是旗下的综合课程和成千上万道自编习题。但是公司的配套软件老旧，品牌打造乏善可陈，市场渗透疲软无力。乔纳森看到了机会，决定推迟他的商学院学习计划，加入这家公司，出任首席技术官。几周之内，一份从零开始重建公司 GMAT 软件的计划就起草完成。一个月后，一支 10 人开发团队组建完毕，开始投入工作。

慕课在当时才刚开始有了知名度，出于好奇，乔纳森上了一些课。他很惊讶地发现，这些新知识能马上帮到他。

首先，高风险测试的一大因素就是恐慌。对此，乔纳森本人就深有体会——压力会让你的大脑一片空白，呆若木鸡，视野变狭窄，时间一分一秒地流逝，而压力让你连最得心应手的知识点都无法运用。麻省理工学院的慕课课程“教育技术的设计与开发”让乔纳森学会了“主动学习”，明白了在像备考GMAT考试那样的高压环境下，非认知性技能和内容性知识一样重要。他在公司规划讨论时所做报告中的见解和思路就来源于此。

同样地，GMAT考试涵盖了太多内容，学生备考时很可能被知识点淹没，不知从何处下手。乔纳森从慕课课程“学会如何学习”中接触到学习组块这一概念。（如果你还记得第3章内容的话，组块就是通过每天练习和重复来构建知识小组块。这是任何学科专业知识的基础。）

组块构建的理念让乔纳森致力于重新组织目标测试辅导公司的线上内容，好让每一个单元都小到可以“构建组块”。紧接着，他的团队开发出了一套让学生们练习每个特定小组块知识的系统。例如，他们将“指数与根”这一概念作为一个单独的教学单元，一个“超级组块”。然后，再将这个大组块拆分成大约50个更小的组块，每一个组块都配有相应的练习题集。所有这些都被编入了新软件的最深层结构之中。这一做法看起来似乎很符合常识，但没有任何一家考试辅导公司能做到这般极致。例如，在其他公司，与指数有关的所有知识多半会被一股脑儿归进“算数”这个大范畴里。

乔纳森曾是数学“差生”的经历具有意想不到的价值。他清楚地知道学生的难点会在哪儿。按照新加坡人邱缘安的说法，乔纳森将一个问题（即数学不好）转变成了一个机遇。

自重新推出线上内容以来，目标考试辅导公司已经登上了顶级杂志，还与一流的大学和机构建立了合作关系。[5] 目标考试辅导公司已经帮助数以万计的学生在 GMAT、GRE 和 MCAT 中获得优异成绩。另外，或许同样重要的是，该公司还帮助人们提高了批判性思维能力和分析技能，这两项技能在当今社会炙手可热。它不仅仅着眼于考试，它还传授极其重要的技能。

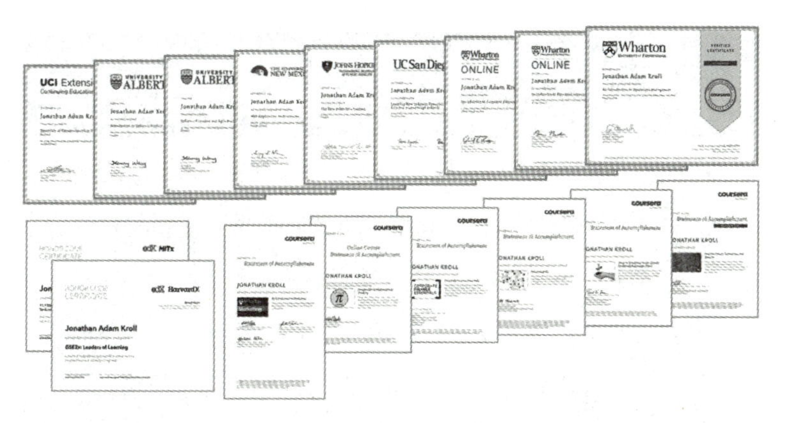

乔纳森·克罗尔获得的慕课证书汇总。慕课让乔纳森得以将从神经科学研究中获得的新知识直接运用于创造一项新颖、实用并且深受欢迎的产品。

至于乔纳森本人，尽管他在慕课出现之前就上完了数学课，但是现在他明白了学习在进行重大人生改变时的作用。他如今已是一名超级慕课学习者，迄今已经完成了18门课程。他总是在不断学习新知识，要么是为了提升职业素质，要么仅仅是出于好奇。

关键性思维转换

在线学习是自我更新的绝佳途径

发现自己在中学里学到的知识技能已经退化，或者一开始就没怎么掌握好，这或许会让人感到震惊。在线学习为人们提供了绝佳平台，来重温旧知识，强化应对重要考试所需的技能，或者只是培养基本技能。

超级慕课学习者罗尼·德文特教你如何最大化利用慕课

罗尼·德文特是来自比利时的自由软件工程师，他已经修完了50门慕课课程。以下是他给出的获取顶尖成绩的窍门。

- 找出未来2～3年内你最想学习的东西。[6]
- 找到最能满足你需求的慕课以及其他学习方式——在这里，Class-Central.com这一网站非常有帮助。
- 在报名修读任何一门慕课课程前，仔细研究课程概要、入学要求、教学大纲和每周建议学习量。

- 每周定好学习时间表。谨慎起见，最好留出两倍的建议时长来学习。
- 一些人喜欢用 1.2～2.0 倍速观看视频。较高阶的慕课学习者有时会运用“快速慕课学习法”，即在看教学视频前快速浏览教学大纲和幻灯片，然后用最高可达两倍的速度观看课程视频。
- 观察第一周的学习进展。如果你没有从一门课程中收获颇丰，那就退课。
- 不要同时上太多的课程。深入地学习少量课程远比泛泛地上一大堆要好。很多慕课课程都会重复开班，所以如果有一门课的时间不合适的话，你通常可以日后找时间再修。
- 利用讨论论坛来巩固所学的内容并解决你的问题——但要当心，逛论坛很耗时间。
- 每当你报名上一门全新推出的课程时，都可能觉得它有些小瑕疵。如果这让你觉得心烦，那就等一等，待到课程更新时再去上。但有的新课还是挺有趣的，所以不要一概而论。

我们会学得太多吗

有时候，慕课的价值就在于它能让我们退一步认真思考我们真正想学什么及为什么想学。来自马德里的中世纪手稿研究与档案管理教授安娜·贝伦·桑切斯·普里托（Ana Belén Sánchez Prieto）对此提出了有趣的观点。起初，安娜对在线学习的价值持完全怀疑的态度。但是当她所在的大学开启了一个在线硕士学位试点项目时，安娜主动报名开了一门课。这主要是因为她觉得在线教学可以让她有更多时间陪伴在国外工作的丈夫。毕竟，在任何地方都可以实现在线授课。

因为要开一门在线课程，所以安娜想试着先上一门课来体验一下。于是她报名去上布朗大学古典考古学教授苏·阿尔考克（Sue Alcock）的“考古学的肮脏小秘密”。安娜很喜欢这门课，它给了她很多在线授课的启发。但奇怪的是，这门课还让安娜感觉到，仅仅掌握一门课的知识并不代表自己知道如何最有效地把知识传授给别人。怀着这一想法，安娜又报名上了另一门慕课课程——“教学基础”，她认为这也是一门很棒的课程。

接着，安娜发现在 Coursera 的“专项课程”里有一组完整的与教育学相关的慕课课程。安娜意识到，嘿，这些专项课程可以让我的简历更好看——尽管她已经是一名终身教授，而且热爱自己的工作，并没想过要跳槽。

安娜最后修读了她能找到的所有与教育相关的慕课课程。其中，若雷教育研究生院的戴夫·莱文（Dave Levin）教授的“教学特点与创造积极课堂”带来了一个关键性的转折。当这门课程进入下半阶段的时候，她的丈夫问她：“安娜，你怎么了？”安娜回答说：“我不知道这门慕课有没有帮助我成为一名更优秀的教师，但它绝对帮助我成了一个更好的人。”她觉得这门课让她对他人有了更深入的了解，更愿意去原谅他人的不足。

接着安娜开始在慕课上探索一些她一直很好奇，但却没有机会学的科目，比如计算机。查尔斯·塞弗伦斯（Charles Severance）博士的互联网与 Python 课程极大地开拓了她的眼界。（慕课制作与学习世界里的大多数人都很热爱这位“查克博士”。）

接着安娜开始在线学习 HTML 和其他网页开发工具。

然后她开始努力学习 Khan 学院的数学课程。

发现自己有很强的学习能力，而且可以获得学习证书，安娜欣喜若狂，但事态逐渐失控。她来者不拒，几乎不论什么内容的慕课课程都上。“这样让我压力巨大。因为我自己还要给学生上课。我的社交生活开始消失。最终我不得不面对现实：我对慕课上瘾了。更糟的是，很多时候我并没有真正在学习，因为我更关注把课上完好拿证书。”那个时候她已经获得了大约 50 张慕课证书和 91 枚 Khan 学院徽章。

安娜断然停止了慕课学习。她终于明白，很多事物都很有意思，值得学习，但她必须有所选择。

将慕课冷落了几个月后，安娜重新开始了慕课学习，但是这次采取了更平衡的学习方式。她开始“旁听”一门关于游戏设计的慕课课程，以帮助她运用游戏技巧来提高上课效果。她打算再旁听一遍才正式报名上这门课，这样她才能真正消化授课内容。安娜现在的目标纯粹是学习知识，而不是被课程压垮。

当你读到这本书时，安娜自己的慕课课程“解密：中世纪欧洲彩绘手稿”应该已经上线了。

安娜·贝伦·桑切斯·普里托（右）正在为讲授关于中世纪手稿的慕课课程做准备。

关键性思维转换

找到平衡

生活中有许多学习机会，有时甚至多到泛滥。如果你刚开启慕课学习，要注意，它可能让人上瘾。如果你对一门科目感兴趣，你可以先旁听一下，任意找个时间或地点浏览一下教学内容，这样就不用担心作业和截止日期了。证书可以很好地激励人学习，但是要运用常识来维持学习和获取证书与工作和家庭生活间的平衡。

慕课等在线课程的重要意义

也许你会好奇为什么我在这一章中要如此强调慕课和在线

课程学习，而不是强调简单而老式的电视或视频学习。问题就在于电视和视频的内容往往是被动、“仅供观看”的（也有少部分重要的例外，我们很快就会讲到）。这意味着尽管电视和视频可以为学习提供一个良好开端，但这通常还远远不够。很多人需要一点推动力来让他们的大脑充分浸润到内容中去。精心设计的慕课课程就能提供这一推动力——它们通过主动学习使学习内容变得充满活力。主动学习能使大脑产生更深刻的生理变化。还记得吗？在设计一套出色的 GMAT 考前辅导系统时，乔纳森·克罗尔见识到了主动学习的巨大价值。主动学习带来的根本性神经变化不仅仅能增强头脑灵活度，还有利于你的长期健康和寿命。

我的看法是，在被动学习中，当你观看一个电视节目时，你只能看到有个乐器叫双簧管，而在主动学习中则是你学会吹奏双簧管。主动学习的力量绝对不容小觑——它能让你进行逻辑辩论、提有质量的问题、解决问题、像球员一样踢球、说一门外语、演奏乐器，或者仅仅是能更具创造性地运用所学知识。[7]（你有没有想过我们为什么要在这本书里设置“现在你来试试！”板块？）

慕课课程，特别是精心设计的慕课课程，通过考试、课后作业、专题研究项目和讨论论坛提供了大量结构化的主动学习机会。即使你只是在快速浏览课程视频的间隙做了些小测验，也会发现这些测验能够帮助你以全新的方式理解所学内容。当然了，测试能帮助你巩固新知识，检测自己是否真正掌握了所学内容。（自然地，比起那些只考察肤浅的、靠“记忆力”记住答案的浅层测验来，涉及根本概念的深度测验效果会好得多。[8]）尽管如此，也不必一味强调过度的深度学习——特别是当你只需要稍稍了解一下某领域的概况时。这里得重申，这就是为什么慕课如此便利——你可以随时进去，只学你想学或者需要学的东西。

慕课课程间的竞争让学员们从中得利。你只需要登录Class-Central.com之类的课程合集网站，浏览上面的课程分析与比较信息。你可以按评分高低排序来寻找最好的慕课，从谈判、公共演讲到有机化学，诸如此类，应有尽有。看课程评价也很有意思，有些评价毒辣得就像烂番茄网（Rotten Tomatoes）上的影评。

当然，这里也有很多挑战。一个问题是，目前很多学生学习动力不够，无法完成慕课课程中的主动学习部分。这也是为什么像Dev Bootcamp这种昂贵的编程课能让人们觉得物有所值，因为在这种课程里面，面对面教学是一个重头戏。另一个问题是，在多数情况下，慕课所提供的教育不能转换成可通向大学学位的学分。（在这里，机场安检面部识别技术被引入用来进行慕课监考，这项新技术可能会引发慕课的重大变革。）还有一个问题就是，现在很多慕课课程结构太传统，教学方法太被动。教授们像念经一样发表长篇大论，为了让教学视频时长看上去短一些，完整的一堂课被截成一个个小片段，而课程中唯一的“主动”学习部分就是肤浅的研讨作业和随意编写的测试题。这些并不足以让你的大脑真正地沉浸到课题中并通过实践和练习来充分学习。

超级慕课学习者乔纳森·克罗尔指出，如今我们正在转向一种单点技能认证模式，教育变得更像是一个自助沙拉吧，而不是提供餐桌服务的入座就餐式餐厅。一些精明的在线教育公司已经开始了解到如今学习方式的多样化。例如，如果你登录在线学习公司 Degreed 的网站，你会发现，你可以输入自己在数百个不同平台的学习情况，包括 Khan 学院、Coursera 和 Udacity，此外还有通过书籍、TED 演讲、论文、大学课程和学位体系学习的情况。Degreed 的座右铭是：“无穷无尽的学习方式——尽在这里得到发现、跟进和评估。”

无论如何，现在你已经初步了解了慕课课程，以及它们在总体上为何更适合在线学习。接下来我们要到镜头的另一边去探索在线学习。我们终于要进入我在前文中提到的那个天花板很低的世界了。

第 12 章

CHAPTER12

慕课制作
来自第一线的看法

我是一名非常直率并且老式的中西部工程师——是那种很高兴被邀请和朋友去麦当劳共进午餐的人。因此，当我被邀请去哈佛大学就“学会如何学习”发表演讲时，我感到很震惊，这是我与索尔克研究所的神经科学大师特伦斯·谢诺夫斯基共同创建的慕课。令我更为惊讶的是，抵达剑桥后，我看到房间里挤满了哈佛大学和麻省理工学院的人，他们都渴望学习我们制作慕课的“秘诀”。

最终，我理解了（至少是部分理解了）他们如此好奇的原因。“学会如何学习”是出于热爱而做的工作，制作成本不到 5 000 美元，然而，报名上这门课的学生数量与哈佛大学所有数十门慕课课程的学生总数相当，这些课程有数百人参与制作，使用了数百万美元的经费。[1]

非常奇怪的是（虽然我没有与听众们分享这一点），我制作这门慕课课程的动机之一就是我在大学里遇到的最差劲的教授——就称他为“没头脑教授”吧。有一天，当他站在黑板前面，为自己算糊涂了的某道相对简单的等式而感到困惑时，学生们开始谈论一个电视节目。这时，他猛地转过身来面对全班，高挺着胸膛宣布：“我从不看电视。”

那时我 30 多岁，自己也很少看电视。但是因为这名糟糕的教授嘲笑它，所以我唯一能想到的就是，我最好开始看电视！

于是我就这么做了。我没有看多少电视——每周只看两个小时。但在过去的 20 年里，我所看过的那一点点电视让我对视频和视觉图像传递信息的力量有了真正的理解和欣赏。作为一名作者，我可能会写一本关于如何学习数学或其他任何内容的书，如《学会如何学习》。但通过看电视，以及与看电视和看其他网上视频的人交谈，我开始意识到一件重要的事情：那些最需要从任何关于学习的书籍中获取信息的人永远也不会去阅读那种类型（或者任何类型）的书籍。那些人只会观看视频。

这并没有什么错。还记得我在上一章中提到的，电视和视频并不总是涉及被动学习吗？视频不仅可以为主动学习提供基础（“跟我做，你也能够疏通你的厕所”），它还可以成为一种动力，通过神奇的引导力让人们去探索从古希腊神话到弦理论等一切事物。如果一个视频做得好，它会很有趣，即使它教的是像微积分这样困难的科目。与慕课课程可提供的各种主动学习辅助材料相结合，视频可以对学习产生巨大的影响。好的慕课课程不一定能使学习变得容易，但它们有助于激励你学完学习材料，并帮助你记住学习内容。

在上一章中，我还提到我们要去一个特别的地方。好吧，现在我们终于到了。这是我们位于地下室里的家庭活动室——天花板很低的视频工作室，大部分“学会如何学习”的慕课课程就是在这里诞生的。下图中有一张它的照片。一旦你了解了在那个地下室里发生了什么，我想你会觉得它很有价值。当你想进行高质量或面对面的在线学习时，它能为你提供线索，让你知道该去寻找什么。此外，我还希望你能够更好地把握未来的学习状况。

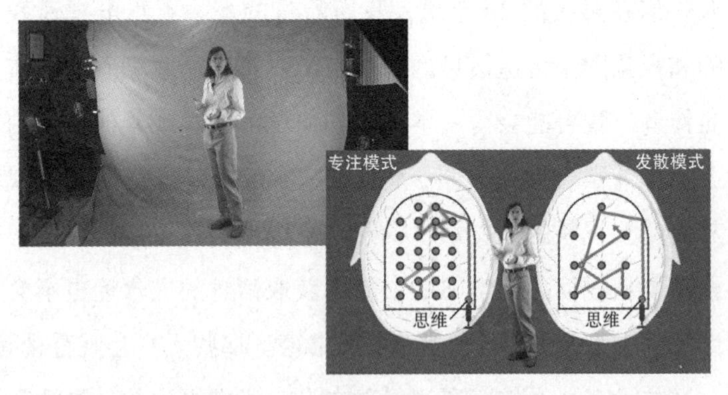

上图显示了我在地下室中拍摄的原始镜头。照片顶部的黑色部分是提词器外罩的一部分。左侧和右侧的黑色兜帽状的“雨伞”是两个工作室灯。(是的，在远处的边缘部分，你还可以看到壁炉和百叶窗。)下面的图片是我在专注型和发散型两种思维模式的隐喻图之间行走的最终合成图像。拍摄时，我站在绿幕前，表现得像个天气预报员，所以我必须想象，当我把我的镜头与我“穿行”于其中的幻灯片动画的镜头合成到一起时，最终会是什么样子。(是的，“学会如何学习”中的许多移动背景图像都是用屏幕捕获程序抓取的简单的幻灯片。)

在线学习：如何制作香肠

获得牵引力

当特伦斯·谢诺夫斯基和我决定做“学会如何学习”的慕课课程时，我们知道这并不容易。与大多数慕课课程制作者不同，我们没有大笔资助金或某种可靠的机构支持，但我们确实有一个优势：特伦斯是加利福尼亚大学圣迭戈分校的教授，而该校正与在线供应商 Coursera 进行合作。

在我斟酌了制作课程的各种选项之后，很显然，唯一切合实际的选择就是买一台摄像机，搭建一个小型家庭工作室，然后在里面拍摄大量的视频。于是我就这么做了。

当然，这种方法存在一个问题，那就是我之前毫无制作或编辑视频的经验。我只能勉强按下摄像机上的正确按键——前提是有人给我指出来。我记得，就在三年前，当我看到一张别人的办公室视频工作室的照片时，我对自己说：“哇，我绝对没本事弄出这么专业的东西来！”

为了创建地下室工作室，我在 Google 上搜索“如何创建绿幕工作室”和“如何设置工作室灯光”。我在 YouTube 网站上观看了关于视频编辑的视频，然后自己做了一些尝试。事实上，能够先观看然后再自己尝试正好构成了在线学习中的主动学习元素，使我能够将所有知识融会贯通。（如果你愿意的话，可以稍稍浏览一下此处的尾注，上面列出了一些通过辛苦实践获得的难能可贵的见解。[2] 如果当时有一门关于慕课课程制作的优秀的慕课课程的话，也许能让我避免许多麻烦！）

在“绿幕”方式中，你要在绿色背景前为自己拍摄录像，即使是一块简单的绿色幕布也可以。在之后的编辑过程中，计算机可以发挥魔力，用你想使用的任何东西替换那个绿色背景——例如，本章一开始的图片中的“弹球”隐喻图。我选择绿幕方法是因为，它可以提供很大的灵活性，能让我的图像在屏幕上四处移动并添加很酷的效果——直到后来我才发现绿幕被认为是一种较高级的视频技术。

你可能会认为，作为一名工程师，学习摄像这件事对我来说比对你要更容易些。但实际情况是，要制作具有专业性视听效果的教育视频（即使是使用“高级复杂”的绿幕），现在对于任何人来说都不是那么困难。我不会骗你——就像任何崭新的冒险一样，这个过程中肯定会有挫折。但每当我真的陷入困境时，我就会向本地的一些中学生寻求帮助。

特伦斯在圣迭戈拍摄了他那部分的慕课素材并将其发送给我。我编辑了他的授课内容，这帮助这门课程建立了神经科学的基础。特伦斯身上的众多闪光点之一就是，他不仅是一位具有传奇色彩的神经科学家，他还展示了如何以实用的方式利用神经科学研究来改善我们的生活。

特伦斯·谢诺夫斯基是《学会如何学习》课程的合作讲师，他在课程中讲述了锻炼的重要性并且付诸实践。当我去加利福尼亚拜访他时，我问他在哪里锻炼。紧接着我就看到，特伦斯像山羊一样飞快地爬下122米高的悬崖，然后又在海滩上奔跑数公里。

我仗义的老公菲利普·奥克利（Philip Oakley）是摄像机背后的男人，同时也负责提词器和音频处理。此外，他做了一些初步的编辑。对了，另外他还提供了心理支持。有一次我连续四次搞砸了拍摄，于是我扯下麦克风，夸张地大声嚷道："我真的做不来！"他听着我嚷嚷，然后冷静地让我温习一遍拍摄内容，再重新开始拍摄。我们的女婿制作了一些很酷的隐喻图像，例如冲浪僵尸、新陈代谢的吸血鬼，以及一只专注力章鱼。我们的两个女儿好心地"自愿"进行了一些表演，例如将车倒进沟里，或者是戴上一副超大的看起来很傻的耳机。这些都降低了制作成本。

在我作为女主角光环闪耀的时候，我的老公菲利普正安然待在提词器后面。

启用家庭"女演员"的做法也在日后带来了惊喜。例如，我们的大女儿当时是医学院学生。有一次，她的教授（一位杰出的专家）上课上到一半时突然停了下来，直指着她说："等等，你就是慕课里的那个人！"这把她吓了一跳。

在我制作慕课课程期间，预注册人数开始增加——1万，3万，8万。慕课课程在初始阶段通常不会引起这么大的兴趣。这相当惊人，尤其是因为我们没有做任何特别的事情来推广这门课程，我根本没有时间去推广这门课程。

在制作的中途，我犯了个错误，联系了一位深受欢迎的慕课课程教授。

“你愿意分享一些建议吗？”我问道，“你为什么不跟我的制片人聊聊？”他回答道。

“好的。”我说，心里想着，我的天，这家伙居然有个制片人！我可是一分钱都拿不出来雇员工。

于是我跟制片人聊了。她说：“做好六个月不睡觉的准备，因为要让20个人的制作团队完全同步工作，这实在是要让人发疯。”

我想，20个人！制作团队！

我开始感到恐慌。我连续不停地工作，编写脚本、拍摄、编辑——每天工作14～16个小时。

当时，即使在学术界内部，也很少有人听说过“慕课”这个词，所以我很难解释我在做的事情。Tarcher/Penguin出版社的非常能干的编辑乔安娜·吴（Joanna Ng）打电话给我，敦促我做一些典型的作者该做的事，撰写专栏文章来宣传我即将出版的新书《学会如何学习》——这本书是同名课程的基石。我告诉乔安娜：“呃，我有点事情要忙——我正在地下室制作慕课课程。”

接下来出现了很长时间的停顿。乔安娜表现得十分客气，就像人们不确定对方是否在电话另一边时那样。“什么是‘慕课’？”最后她终于问。

新视角的好处

对于我来说，亲力亲为，把大部分慕课内容整合在一起，这么做最大的劣势，同时也是最大的优势，就是要学习编辑视频。事实证明，视频编辑是最耗时、最昂贵的，而且据我了解，也是视频制作中最重要的方面，因为编辑工作直接影响着人们观看视频时的注意力。而注意力在学习中是至关重要的。

有必要指出，一方面，在电视和电影制作中，制作和编辑以创造吸引人的声音、视觉效果和故事为中心，就是为了让人们把注意力放在屏幕中显示的内容上。另一方面，在学术界，重点则是创建符合规定的教育内容小时数——这对于获得认证很重要。可悲的是，“只关注时长”的学术传统已经扩散到当下大量慕课课程的制作和编辑过程中。虽然可能有很高的产值，但仅靠这些并不能赋予慕课课程以可观看性和学习价值。为了理解什么才能做到这一点，让我们一起去参观慕课课程的制作过程——我将引导你从局内人的视角观看慕课课程的制作过程。

关键性思维转换

新颖视角的价值

有时候，挣脱束缚、不遵循传统方法的行为可能具有很大价值。即使这可能令人生畏，你也要寻找机会，将自己独特的见解和新颖的风格带入你的工作或爱好中。

达瓦尔·沙阿（Dhawal Shah）的故事：寻找机会，积极学习

一有合适的机会出现就立刻学习是成功的关键因素之一。我们就以 Class-Central.com 的创始人达瓦尔·沙阿为例，在他的这个网站上，人们可以就任何自己可能选择的主题找到评价最高的慕课课程——就像亚马逊提供的书籍评级系统一样。达瓦尔说：

> Class Central（课程中心）网站是我在达拉斯的一个孤独的感恩节周末为自己建立的，当时我正在那里担任软件工程师。我所有的朋友都去看望自己的家人了，所以我无事可做。但是我对斯坦福大学正在宣布推出的免费在线课程——慕课课程很感兴趣。所以我建立了一个简单的单页网站来跟踪这些课程。我在社交媒体上分享了 Class-Central.com 的链接。在推出后的几周内，每个月全世界都有数以万计的人在使用 Class-Central.com。
>
> 随着越来越多的大学开始提供免费在线课程，Class-Central.com 也越来越受欢迎。我想全职开发网站，所以我向一家名为 Imagine K12 的著名硅谷教育科技产业孵化器申请投资。令我惊讶的是，他们接受了我的请求，给 Class Central 网站投资了 94 000 美元。

这是 Class Central 网站的创始人兼首席执行官达瓦尔·沙阿，他的网站介绍慕课课程，让人们可以更好地选择适合他们的慕课。

转变来得非常突然。前一天，Class-Central.com 还只是我为自己建造的一件有趣的东西——第二天，它就变成了被硅谷寄予厚望的初创公司。但我唯一的经历就是编写代码。我不知道如何经营一家公司。我必须快速学习许多新技能，包括博客、市场营销、财务管理，以及项目规划，另外还要掌握领导技巧和时间管理等个人发展技能。对于某些技能，我只是快速了解一下或是在工作中学习；对于另一些技能，则是从网上论坛、博客文章、在线课程和慕课等资源中获得帮助。

令我惊讶的是，我发现我对某些新技能非常擅长。事实证明，凭借这些技能，我能够覆盖到全世界数百万试图找到合适的网上课程的人，并且对他们有所帮助。在事业的每个阶段，我都必须学习新技能，以便将 Class-Central.com 提升到更高的水平。学习新技能的能力本身已经成为我最重要的技能。

教师是关键

大学课堂一般由教授来掌控。当然，某些主题需要讲授，但要由教师来决定内容传播的机制和具体细节——不管是阅读笔记，表演侧空翻，念幻灯片，还是在大家功课最忙的时候进行测验。没有人质疑教授，特别是如果那位教授级别比较高并且是在精英大学任职，正是这种类型的教授最常被要求去制作慕课课程。

慕课课程也采用了传统的“教授做所有关键决策”的方法——慕课制作链中的每个人都要听从教授的判断。这可能造成非常现实的问题，主要是因为大多数教授都对慕课课程的特点一无所知。

的确有一些很棒的慕课教师，他们在网上课程中创造了极佳的学习体验。以俄亥俄州立大学的吉姆·富勒（Jim Fowler）为例，在他近乎神奇而富有艺术性的慕课课程“微积分之一”中，他让微积分变得不仅有趣而且还易懂。还有宾夕法尼亚大学的艾尔·费尔里斯（Al Filreis）教授，他的“现代诗歌”课程让原本晦涩难懂的现代诗歌也产生了同样的效果。这些教授已经学会利用媒体的优势——费尔里斯尤其注重通过网络直播和积极参与论坛与学生进行沟通。

但并非所有教授都是这样。例如，在41 000名学生面前出现了“你无法做到这一点”的尴尬内爆局面后，由于第一周的教学混乱不堪，第一门关于“慕课制作”的慕课课程被紧急叫停，当时学生们接收到的指示含混不清，老师布置的任务也是不可能完成的。[3] 许多其他的慕课课程本身质量并不差——只是过于平淡单调而已。教授们只是站在摄像机前面嘴巴开开合合，很少会引入有效的视觉效果或善加利用视频媒体的强大功能。

最好的网上教师当然都是各学科领域的专家，他们也乐于学习一些支持在线学习的新技术——屏幕捕捉、动画、音乐、声效、视频编辑、相机等。制作慕课课程的一部分挑战在于，它是如此之新，以至于很少有教师拥有任何深入的经验。在我写这本书的时候，还没有任何关于慕课课程制作的好书，更不用说好的相关慕课课程了。当然，无论是在课堂上还是在网上，大多数教授都没有接受过任何教学方面的培训。这就意味着，即使是那些真的想把慕课课程做好的、勤奋努力的教授也很难在实践中做到这一点。

这里要牢记的信息是，为了获得真正优秀的学习体验，你必须寻找以近乎宗教般的热情追求在这一新的网络领域中有效传达信息的教师。另外，用户在线评论在这里发挥了非常重要的作用。

可帮助确定上哪一门慕课课程的又一个有价值的工具是，研究表明，如果你在视频上观看一位教授上课大约 30 秒钟，你就可以很好地把握该教授作为教师的实际效率如何。[4] 令人惊讶的是，即使只有短短 6 秒钟，也可以让你形成一个快速有效的判断，这部分是基于情绪的微表情，它太过短暂以至于都不能真正捕捉下来。（我有时会在观看人们点咖啡的过程中玩一个安静的猜测游戏，猜他们如果是教师的话能做得有多好。）但是，有一点需要大家注意，有时候，讲课干巴巴的分析型教授在一开始可能会非常让人厌烦，可一旦他们开始放下架子并表现出令人回味无穷的“恶毒”幽默感时，你就要注意了。

有一种人被称为“教学设计师”，他们可以帮助教授们设计出一种吸引人的慕课课程框架。网上“课堂”不同于现场课堂，因为它们的节奏是不一样的。例如，好的视频课程时长为6～10分钟。最有能力的教学设计师会向教师们解释这一点并向他们示范如何适应这种节奏。与此同时，糟糕的教学设计者则往往更倾向于理论而非实践，并且对某些理论有多么不切实际毫无感觉。例如，一些教学设计者坚持认为，任何教学视频都应该在开始时列出重点，告诉学生他们将在视频中学习的关键点。在传统的两个小时的课堂讲座中，这种方法可能会很好，但对于一个五分钟的视频而言，通常标题本身就是唯一需要提示的要点。实际上，在五分钟或十分钟视频的开头列出重点的做法等于是在告诉人们，该课程内容将具有“教学上的合理性”——但你完全可以在听课时打个盹。

在小测验的试题中最能体现教授对于创造极佳学习体验是否具有内在的热情。出试题的工作可能很乏味很困难，因此一些教授将工作交给教学助理去做。当他们这样做的时候（虽然有一些助教也非常棒），你得到的是替补队员而不是明星队员。这一点都不好，你通常不能获得好的学习体验。

有人告诉过我，制作慕课课程的最好方法就是“表现自然”

并且想到什么说什么。在我看来这似乎并不合适，特别是因为当录像开始时，我往往会在镜头前面因恐惧而僵住并口吃。所以，我把所有内容编成了剧本并使用了提词器——这样在我讲课时不会出现“嗯”或“啊”这样的声音。[5]说到底，学生们非常喜欢视频中看似随意而易于理解的表演。我本人就可以证明的一个重点是，当你第一次录像时，你可能会非常害怕。无论你怎么努力去驱散那种恐惧感，你总会有因想象着未来将有数十万观众而带来的紧张感。我自己最初拍摄的许多视频（我都不好意思告诉你具体数量）最终都进了电脑垃圾箱。

教师之所以是关键，还有一个原因：好的教师可以突破惯例，以新颖而极其有用的方式呈现教学材料。根据我自己制作慕课课程的经验，我可以证实这一点。

在传统上，一门名为“学会如何学习”的慕课课程应该是由教育学院的教授完成，而不是由一名工程师和一名神经科学家独立完成。该课程很可能只针对教师讲授，因为培养教师的教师们条件反射地认为只有教师才是真正对学习有兴趣的人。(有些人认为，任何针对普通学习者的关于有效学习的课程都拥有显而易见的市场并且可以立即获得成功。这些人不妨问问自己，为什么在“学会如何学习”出现时，明明已经有数千种慕课课程，但以前却没有人想过要去制作一门类似的课程？)

按照传统做法制作的“学会如何学习”课程应该具有这样

的结构：两周讲教育史，两周讲有关学习的理论，两周讲婴儿的学习方式，最后几周则是讲情绪如何影响我们的学习，或许还会稍稍涉及刻意练习等内容。甚至可能会用一两个简短的讲座来描述一门叫作“神经科学”的学科。不会讲得太深入，因为毕竟神经科学很难理解。

“学会如何学习”之所以有效果是因为它回归到最初的原则，以一种全新的、即刻显效的方式呈现我们所知道的关于学习的知识。神经科学并不是作为事后的补充——相反，它构成了该课程中关键理念的基础。在涉及深奥科学知识的地方，我们使用隐喻——我们相信学习者的能力，使用我们所建议的学习方法，即使是最难的概念他们也能掌握。我们提供原始研究的直接链接，这样学习者可以自行核查我们的任何主张。

通过用类似的新颖方法审视学习材料，有多少我们在大学里学到的东西可以被重新激活？慕课为具有独创性的、特立独行的教授们提供了重新开始的机会，同时也在为全世界的学习者提供平台。

幽默感

这里有一个关于学习的可怕的小秘密，你可能早就知道了，但是没有谁会认真谈论它：即使只是想到要去学习一些你并不那么喜欢的东西，比如说学习数学，也会激活岛叶皮质——大脑的一个疼痛中心。[6]幽默可以抵消这种痛苦——它可以激活大脑的阿片奖励系统。[7]（是的，幽默就像让自己吸毒——但却是以健康的方式。）幽默有一种不协调性，会产生意想不到的神经关联——不同类型的幽默可以激活大脑的不同部分。[8]因此，幽默或许就等同于负责让积极参与学习的大脑区域放松片刻的神经，在此期间，大脑的其他区域活跃起来，负责处理笑话。无论这是否属实，许多研究都表明，幽默有助于学习。[9]

不幸的是，对很多人而言（或许特别是对教授来说），要做到风趣幽默并不容易。要想出一个幽默的笑点，特别是如果它还包括动画的话，可能需要花费很多时间和心思。我和特伦斯曾经收到一封来自五年级学生的信，这位学生在信里称赞了我们，说因为她从来不知道老师可以如此机智诙谐。我只想说，我们当然很机智诙谐。我们可是花了好几天时间才设计出那个“机智诙谐”的！

就在并不久远的过去，当学习还被束缚在实体教室中时，人们很容易放弃教育性和娱乐性兼顾的原则：我们的工作可不是逗趣！教授们可能会说，“有太多内容要讲”，根本没时间讲笑话，以此为借口来打压幽默的重要性。（当然，如果只是在课堂上讲解学习材料，是绝不可能保证学生真正能够学会的。）[10]还有一些时候，人们会把风趣看成一种诱人胡思乱想的细节，只会分散教学注意力，应该予以摈弃。[11]但是网络世界竞争极为激烈。慕课制作者花时间和精力将幽默无缝融入所教授内容中，可以使学习变得更加愉快，就算是难啃的科目也不例外，而且还可以让学生对该课程趋之若鹜。

最重要的是，当你要寻找一门对你有实际价值的课程时，请留意那些说教授或课程“有趣”或“机智诙谐”的评论。因为这预示着一定水准的认真态度和创造性，以及对学生需求的了解，这些可能是其他课程所没有的……老实说，如果有两门质量相同的课程，一个平淡一个有趣，你会选择哪一个？

关键性思维转换

教师很重要

你评价一名教师是否能发挥作用的第一印象通常很准确。找一名能展现出人意料的幽默闪光点的教师——这条线索意味着你很可能会喜欢你的学习时光。

编辑：每一秒钟都很重要

一位曾经为纽约的一家大型广告公司制作电视广告的朋友在看到我为慕课课程编辑整合的一些镜头时表示很惊讶。起初，我以为这是因为我做得很糟糕。但令我惊讶的是，她称赞了我，她说：“没有干过影视制作这一行的人通常得学习很久。我不知道你是怎么做到的，我是说，你已经做到最好了——你做得就像电视广告一样：让每一秒钟都发挥到了极致。”

> 为何伟大的销售人员和伟大的教师有异曲同工之处？
>
> 销售人员也是老师，对他们而言，时间至关重要。如果潜在的客户无法迅速了解你在卖什么产品以及该产品对他们有什么用处，那么你就做不成交易，也不会有钱养家糊口。在你销售复杂的技术型产品和服务时，这尤其具有挑战性。我们花了很多时间设计出各种隐喻，以便更迅速、更简洁地解释我们要提供的产品。想象一下，如果教师们也有类似的时间压力，需要争分夺秒地让学生理解授课内容，那会是怎么样。
>
> ——布赖恩·布鲁克希尔（Brian Brookshire）
>
> 按揭贷款目录及信息有限责任公司前销售总监，兼超级慕课学习者

说到我是如何让每一秒钟都发挥到极致的，我不仅编写了简洁的授课脚本，而且还注意不让任何东西在屏幕上静止停留太长时间。即使是我自己讲话的镜头，看得时间太长也会让我觉得无聊——这就是为什么我开始时会出现在屏幕的一侧，然后大约过 10 秒钟，我会站到另一侧去。或者……我会站得退后一些，直到你可以看到我的全身，然后我会突然转换到腰部以上的镜头，这就会给人一种赫然耸现的幻觉。从进化的角度来看，赫然耸现的动作通常来自可能杀死你的生物或物体，所以当有东西突然出现时，人类往往会一下子集中注意力，即使它只是出现在视频中。[12]

令人非常惊讶的是，有时我需要花费 10 个小时来编辑 5 分钟的视频。（当然，如果我是一名视频编辑专家，我会做得更快。）尽管编辑非常耗时，但我发现这项工作非常有创造性。我开始用不同的眼光看电视——观察里面用了什么聪明的方

法来保持观众的兴趣，并且让静态场景不会显得无聊，这非常有趣。

看起来，最好的视频编辑师对基础神经电路有一种直觉的把握，可以让人们把注意力放在视频上。他们会恰到好处地增强需要传达的信息，不会因为做得过火而让观众的注意力分散。因为动作会吸引我们的注意力（特别是出乎意料和赫然耸现的动作），这一点在网上学习中非常重要，在一般的学习中也是如此。这就是为什么一些获得过殊荣的老师会跳到桌子上去，以及为什么一些最糟糕的教授会用充斥着毫无生气的图像的幻灯片制造出一片死寂。[13] 不幸的是，尽管视频编辑很重要，但它在慕课课程的制作过程中就像是丑陋的继姐妹——经常被当成一种未经周密考虑的、事后的补救方式。

优秀编辑师的任务是帮助设计视频制作的图像、声音以及节奏。他们是问题的共同解决者，他们了解教授们可以使用什么技巧在预算范围内用最吸引人的方式传达信息。一名好的编辑师会兼顾故事或视频制作的主线和点点滴滴的细节。相同的场景可能会呈现很大的差异，其吸引力可能大幅增加，也可能大幅下降，这取决于拍摄和剪辑的方式，以及声音效果。单纯地观看只有某一个人在说话的紧凑镜头会让人感觉疲惫，除非那个人像克里斯·洛克（Chris Rock）㊀一样富有表现力和幽默。我们中很少有人能做到他那样，这就是为什么聪明的教师

㊀ 克里斯·洛克，美国喜剧演员、编剧、导演及监制。——译者注

会与他们的编辑师密切合作。

添加到视频中以使其更有趣的每个小铃铛、口哨声和嗖嗖声都意味着时间和金钱。如果你是慕课课程的视频编辑师，那么通常你不是被请来花 20 个小时时间编辑出 10 分钟的精彩视频的。你最多只能花两个小时来编辑一部 10 分钟的平庸视频并获取相应的报酬。现实情况是，在许多慕课课程里只有一名教授坐在书架前说话，中间穿插着几张图片和一些字迹。即使你是一名出色的视频编辑师，但对于一位端坐在书架前的教授，你没有多少办法给他增添魅力。

与视频编辑密切相关的是来自视频游戏世界的启发。我相信，未来最好的慕课课程将从在线游戏世界引入更多元素——不仅是要“让它更像游戏”，而是要使用视频游戏制作者所发现的技术将人们的注意力深深地吸引到屏幕上的内容中。音乐、声音、动作、幽默，类似游戏的设计和人机互动界面——所有这些元素都在学习过程中发挥着极其重要的作用，但因为我们已经习惯于困在教室里的学习途径，所以那些元素往往很容易被忽略。

最好的慕课课程将是学术界、硅谷和好莱坞的融合。

随着优质视频制作设备的价格不断下降，能使用它们的学生群体也趋于年轻化。现在的一些技术娴熟的中学生以后将成为教授，他们将创造出绝妙的慕课课程——远远超出我们目前的设想。到那个时候，跟现在一样，最好的慕课课程将是学术界、硅谷和好莱坞的融合。

在隐喻中遨游

我们热爱隐喻，因为它们给了我们一种简短的方式来说出某样东西类似于另一样东西：比如，“生活是过山车”，或者“时间是小偷”。我在“学会如何学习”课程中大量使用了隐喻，甚至在它们中间走来走去，比如本章前面就展示了我走在“大脑中的弹球台”隐喻图之间。不幸的是，许多教授对使用隐喻感到不安，他们认为这可能会降低学习材料的专业性。他们没有意识到，根据“神经再利用”理论，隐喻所使用的神经回路与基础性的、更为困难的概念相同。[14] 事实就是，隐喻并没有为学生降低学习内容的难度。相反，它能帮助学生更快地掌握困难的新概念。

隐喻在教学中不占优势的另一个原因是许多慕课供应商和大学依赖于学习分析法（即关于人们如何与在线课程互动的统计数据）去推动课程制作的改进。这些分析可以指出明显的慕课课程制作失误，例如糟糕的测验试题、以令人困惑的方式展示的学习材料，以及人们没有看完的超长视频等。但有些事情这种分析不会告诉你，比如，如果你在开始阐释理论时使用了一个隐喻，那么人们只需要花一半的时间就能理解这个概念，并且也会得到更多的乐趣。

我的预测是未来的慕课课程将更多地使用隐喻视觉效果，因为使用这种技巧的慕课课程往往会更成功。对于你来说，无论你在学习什么，看看你是否可以用一个隐喻来帮助自己理解最困难的话题——你会惊讶于它竟能把一个重要的概念变得如此生动。

与此相关的做法是，把你自己想象成与你正在学习的任何事物大小一样，这种做法有着激发科学创造力的悠久历史。爱因斯坦想象自己缩小至 500 万分之一，自己的移动速度快到能够追上一束有一个波长的光线。细胞遗传学家和诺贝尔奖获得者芭芭拉·麦克林托克（Barbara McClintock）想象自己缩小至 4000 万分之一，以进入她正在研究的纳米级基因的领域，在那里，这些基因变得像她的家人一样。[15]

在视频中，我们实际上可以展示教授正骑着一束光前进。教授可以在一个肺泡囊周围游泳，准确地指出在你呼吸时肺部会发生些什么事。教师可以滑到半导体内部的一枚质子上。当然，你也可以只显示一道光束、一个肺泡囊，或一枚质子。但是，让可视化人物引导你浏览任何事物的复杂内部，会让一切变得更亲切、更有吸引力。爱因斯坦的传记作者沃尔特·艾萨克森（Walter Isaacson）说："想象看不见的东西的能力一直是创造性天才的关键。"[16] 利用网上视频的力量，我们可以让普通人了解这些帮助人们进行想象的卓越的可视化工具。

正式和非正式的学习联系

与全世界数十万学生进行互动给我的感觉是，也许只有 5%～10% 的学习者是高度自我激励型的。也正是这些人往往会坚持到底，完成正式修完一门慕课所需要做的每个测验、项目和其他作业。他们也能很好地自主学习，这是天大的好事。

然而，大约还有 60% 的学生也能够学得很好，前提是他们能够与其他人建立联系，以便将学习材料变得生动起来。大多数在线课程中都包含的在线讨论论坛使社交联系变得简单。社交媒体（如 LinkedIn、Facebook、Twitter 和 Snapchat）也被许多慕课学习者使用。还有其他的慕课学习者，以及图书馆，组织了面对面交流的慕课俱乐部，就有点像读书俱乐部。夫妻们会一起上慕课课程，父母喜欢和孩子一起上慕课课程。大学也开始探索在新生进行学前培训前提供一次通识性慕课体验的想法。慕课供应商曾经尝试过组织聚会和学习者交流中心，但似乎只有一个名为“免费代码营”(Free Code Camp)的开源社区取得了成功。(在我写这本书的时候，“免费代码营”已经拥有大约 1 000 个独立的学习小组。)[17] 此外，还有混合型学习尝试，比如，来自一个拥有数万名学生的大型慕课平台的最佳学习者被集中到一起，体验紧张的在校训练营式的学习方式。[18]

需要说明的是，教授们习惯于让学生去阅读教科书，但即使慕课课程可以像书本一样对教学有用，教授们还是不习惯让学生去观看慕课课程——尽管这可能意味着教授们只需要花一半时间去实体课堂进行当面教学活动。(这就是所谓的翻转模式。) 但是，我相信，一旦教授们意识到他们可以与顶级网上资料分担教学负荷，花一半的时间达到相同的教学质量——那样的话，我认为他们将很难再回到之前的工作模式。

无论如何，最重要的一点是，与其他学生建立联系是增强学习的好方法。有些人喜欢建立这种联系，有些人则不喜欢。但即使你是一个非常独立或习惯独处的人，你也可能会惊讶地发现你很喜欢和朋友或家人一起上慕课课程。

关键性思维转换

建立联系

与他人一起学习可以增强你的整体体验——这就是为什么讨论论坛和社交媒体有很大的价值。家人和朋友作为学习伙伴经常被大家忽视，但他们可能是最有趣的，尤其是在慕课学习方面！

慕课会把我们带向哪里

在过去的一个世纪里，人类的智商在整体上得到了显著提升。在新西兰社会科学家詹姆斯·弗林（James Flynn）发现它之后，这种智商的快速提升现象被称为“弗林效应”。这种现象是真实的，而不是统计学上的侥幸——在 20 世纪初期，大多数人并不拥有任何我们今天所能享受到的旨在提高我们认知能力的学习机会。[19]

弗林以篮球技能的改进为例，解释了这一变化。在 20 世纪 50 年代，当电视已成为家庭必需品时，孩子们能够观看顶级篮球运动员打篮球。他们看到了职业选手的行为，并将其带到了他们的社区比赛中。当孩子们开始和其他技能更高超一点的孩子打比赛时，他们自己也会打得更好，而且越来越好。孩子们互相竞争，不仅让自己进步，还让彼此都进步，这就形成了一个持续的进步周期。这反过来又使职业篮球提升到更高的技术水平。[20]

在某种意义上，慕课课程及同类课程就相当于孩子们开始在电视上观看的篮球冠军赛。慕课课程可以呈现优秀教师们的出色教学，因此，世界各地的任何人，无论学生或教师，都可以提升自己的水平。但还远不止这些。慕课课程可能包含一些能吸引我们注意力的视频编辑技巧和能让我们开怀大笑的意想不到的妙语——并借此引入下一个困难的概念。它们还可能提供增强我们理解力的隐喻，以及表达清晰的测试系统，这些系统可以巩固我们在进行强化学习时所需要的知识，并在我们达到平台期时促使我们继续前进。

从本质上讲，慕课课程就像是约会。当你第一次和喜欢的人一起出去时，你往往只会展示你最好的一面。同样，慕课课程允许你选择"最好的一面"——如果教师在拍摄中讲得不好，就可以放弃这段视频，换上一段更好的。与此同时，常规课程则更像是婚姻——你可以看到教师的方方面面。那天心情不太好？抱歉，课程是实时进行的，你没有办法收回教得不好的课程。

与慕课课程相比，传统课程在另一方面也有所欠缺。它们可能很棒，但它们不能超越现场教室或演讲厅进行后继发展。

慕课课程则不同，它们在很大程度上就像好的书籍一样（甚或更胜一筹），慕课课程可以形成自己的生命。在慕课课程中进行的学习可能被卷入互联网热潮中，从而传播到当地和全球其他人那里。

慕课世界还处于起步阶段。我们正处于教学和学习改进的起点，它是一个全新的、持续的和富有创造性的循环，不仅适合成人学习者和大学生，也适合全球的中小学生。虽然在撰写本书时，“学会如何学习”是世界上最受欢迎的慕课课程，但无论我们在其中创造了什么奇迹，它们最终都会被更好的慕课课程超越——更具黏附力、更有趣，并且总体上“更适合学习”的慕课课程。这对许多人为适应终身学习新时代而进行的思维转换将是一个巨大的福音。

应该在优质在线学习或任何类型的学习中寻求什么

要确定某一在线学习体验是否适合你，最简单方法就是查看排名网站。例如，Class-Central.com 有一种智能方法，可以通过查看人们的评论来对不同平台的慕课课程做出比较。当你想试着为自己的目的去评估最佳慕课时，请遵循以下的基本技巧、方法、策略和窍门，所有这些都可能对你的学习效果产生很大影响，并波及你在学习过程中的愉悦感。

隐喻和类比——尽可能融入视觉效果和动作中。正如“神经再利用理论”所示，使用隐喻和类比可以让你更快地理解困难的概念。

与学习材料直接相关的完美的视觉效果，而不是剪贴画。如果教师不能花时间开发有用的插图，就说明了该教师及其所在机构对课程的投入不足。但是，只是在屏幕上展示教授书中的一幅复杂的图像也不行。人们从视频中学习的方式与从书本中学习的方式不同。复杂的图像需要一部分一部分地逐步呈现——如果你不是一下子就看到全部图像内容，那么花相同的时间，你可以学得更好。

大量的动作和快速切换。如果做得很聪明（而不仅仅是为了追求风格而追求风格），那么优秀的编辑工作就可以让你的注意力循环保持下去，同时增强你的理解力。人们正越来越习惯于在 YouTube 视频中看到的快速切换镜头，在那里，即使是简单的呼气有时也会被剪掉，以营造出一种令人无法呼吸的速度感。

幽默。融入了幽默并让你发笑的内容有助于激活令人愉悦的多巴胺循环。当你在攀登学问的高峰时，它还提供了一个供你暂时休憩并调整呼吸的精神岩架。

友好、乐观的教师。寻找平易近人、爱鼓励人、诙谐风趣的教授，他们可以简化学习材料并且让难的东西看起来容易些。似乎很明显，所有的教授都应该这么做，但事实并不是这样。现实情况是，教授们之所以能当上教授，是因为他们不断地证明他们多么擅长处理困难的东西，或者至少是他们可以将之复杂化并使其看起来很难的东西。好吧，说实话，有些教授就是自高自大的吹牛大王。

最少量的“嗯”和“啊”。不幸的是，慕课教师总是被告知要“自然而然”地说话，而不是跟着脚本读。偶尔有一些慕课教授（例如麻省理工学院的埃里克·兰德（Eric Lander），在其著名的“生物学概论”课程中）可以解决这个问题，但是就连兰德也是参考了他的备课笔记。许多教授在镜头前变得动作僵硬，他们的讲话也相应受到了影响；其他人也并不像他们自己想象的那样表现自如。你可能想知道为什么慕课中的视频不能全都像 TED 演讲那样“自然而然”。要知道，一次典型的 20 分钟的 TED 演讲需要进行大约 70 个小时的练习。[21] 没有任何教授有这么多时间来为录制慕课课程做准备。

友善的网上环境、教师和助教在其中发挥着重要作用。教师和助教有点像公园护林员——在网上论坛间逛来逛去，确保每个人都能获得有价值的学习体验，并在必要时“救火”。这些快乐的助教也可以充当教师的助理和副手——他们经常对如何改进课程有着非常富有创意的想法。（一名像普林西斯·阿洛蒂这样的领导者，愿意征求并使用团队成员的最佳意见，是非常有价值的。）

讨论论坛和其他可与同学积极互动的方式。许多学生受益于与他人建立联系所产生的推动作用。令人惊讶的是，一些最内向的学习者很喜欢讨论论坛——这是一种与他人互动的方式，即使你因为太害羞而无法在现实生活中这么做。

游戏化——引入积分、竞争、乐趣等元素来改善学习体验。精心制作的慕课课程越来越多地从游戏世界中获取灵感。游戏可以令人上瘾——它们通常会精心设计，让你获得一系列小胜利，诱使你不断深入游戏中去。（“等等……午餐是两个小时以前的事了?”）适时加入活泼的音乐和声效可以让人更加专注于其中。

精心设计，易于遵循的课程结构。在网页上浏览课程大纲和课程布局，可以让你大致了解课程是否适合你。如果课程介绍让你产生好奇心去了解更多，那么这是一个好兆头。

测验。确保你真正掌握了知识的最佳方法之一是，一有机会就测试一下自己。在线测验使这一过程变得更加容易。此外，精心制作的测试可以巩固你对学习材料中最重要方面的记忆。如果对课程的评论里提到测验有问题，请务必小心。

最终项目。不可思议的是，多年以后，在我们差不多已经忘记所有其他东西后，我们却依然能记得自己在班上做的某个项目或报告。不仅如此，一个好的最终项目可以让你真正爱上学习材料。（我曾经见过一名男子，由于他在小学时做了一个有关宾夕法尼亚州的报告，于是就爱上了这个州并且搬去常住了。）

现在你来试试！

寻找一门慕课课程！

到网上去找一门与你感兴趣的课题有关的慕课课程。最简单的方法是去 Class-Central.com 网站进行搜索。Class-

Central 允许你建立自己的课程列表并关注不同的大学或课题，还可以接收有关即将开课和最受欢迎的课程的电子邮件通知。

当你在搜索感兴趣的慕课课程时，你需要仔细一点。慕课课程涉及的主题是如此广泛，你甚至可能想不到要去寻找有关你最喜欢的无名小说家或电视剧的慕课课程（尽管这样的慕课课程很可能的确存在）。

了解有哪些主要的慕课平台和在线学习“玩家”是很有帮助的。除非另有说明，以下都是本部在美国、附属于大学的供应商。“慕课”一词用于泛指任何低成本或免费的网上课程。

Coursera：最大的慕课供应商。有许多不同学科及许多不同语言的课程，还提供 MBA 和数据科学硕士学位，并提供名为“专门化”（specializations）的慕课课程集群。

edX：有大量不同学科及许多不同语言的课程。提供名为“微硕士”（MicroMasters）的慕课课程集群。

FutureLearn：有大量涉及许多不同学科及语言的课程，特别是来自英国大学的课程，但不仅限于此。提供名为“项目”的慕课课程集群。

Khan 学院（Khan Academy）：提供从历史到统计学的大量学科的教学视频。该网站可转换多种语言并采用游戏化策略。

Kadenze：特别关注艺术和创意技术。

Open2Study：本部在澳大利亚，提供许多学科的课程。

OpenLearning：本部在澳大利亚，提供许多学科的课程。

CanvasNetwork：旨在让教授们有机会为更多人提供他们的在线课程。有大量不同学科的课程。

OpenEducationbyBlackboard：与 CanvasNetwork 类似。

WorldScienceU：一个旨在利用出色的视觉效果来传播科学理念的平台。

Instructables：提供用户自行创建和上传的 DIY 项目，由其他用户进行评分。

以下是专业的和面向专家的平台列表（有些是基于订阅的）：

MasterClass：由顶级大师来教授他们的学科——凯文·斯派西（Kevin Spacey）教授表演，塞雷娜·威廉姆斯（Serena Williams）教授网球，克里斯蒂娜·阿奎莱拉（Christina Aguilera）教授唱歌，安妮·莱博维茨（Annie Leibovitz）教授摄影，等等。

Udacity：为专业人士提供的技术相关课程，提供“纳米级课程”，以及佐治亚理工学院的计算机科学硕士学位。

Lynda.com/LinkedInLearning：提供数以千计的软件、创意和商业技能课程。

Codeacademy：流行计算机语言的免费编码课程。

Shaw Academy：总部位于爱尔兰，会在合适的时间直播许多专业课题相关联的课程，学生可以与教师以及同学互动。

Pluralsight：在线开发人员，信息技术和创意培训——大型课程库。（第一位通过收取版税成为百万富翁的网上课程教师就出自于此。）

Udemy：自称专家的人开设的课程，涉及各种主题，包括技术主题和与工作相关的技能。深受企业培训师欢迎。

Stone River Academy：网络、应用程序和游戏开发。

Skillshare：自称专家的人开设的课程，涉及创意艺术、设计、创业、生活方式和技术。

Eliademy：总部位于芬兰的简单平台，适用于任何人（例如 K12 教师）去创建、分享和教授在线课程。

Treehouse：提供关于网络设计、编码、商业及相关学科的课程。

General Assembly：提供关于设计、营销、技术和数据的课程。

Tuts+：提供基础知识辅导。

还有一些专门针对某些语言和文化领域的慕课和网上学习平台（区域和语言之间存在一些重叠），例如：

阿拉伯语世界：Rwaq、Edraak

奥地利：iMooX

巴西：Veduca

中国（简体中文）：XuetangX、CNMOOC、Zhihuishu

欧洲：EMMA（欧洲多重慕课汇集）、Frederica.EU

法国：The France Université Numérique、OpenClassRooms、Coorp-academy

德国：openHPI、Lecturio、Moocit、Mooin、OpenCourseWorld

希腊：Opencourses.gr

印度：SWAYAM、NPTEL

意大利：EduOpen、Oilproject

日本：JMOOC

俄罗斯：Stepik、Intuit、Lektorium、Universarium、Openedu.ru、Lingualeo.com

西班牙语和葡萄牙语世界：Miríada X、Openkardex、Platzi

斯里兰卡：Edulanka

乌克兰：Prometheus

另外值得关注的有：

Duolingo：适用于多种语言的免费语言学习应用程序。

Crashcourse：一系列幽默的教育视频，从最初的人文科学和自然科学（YouTube）扩展而来。

VSauce：令人难以置信的有趣而古怪的教育视频（YouTube）。

在“扩大学习的可能性”这个标题下面写下你的慕课想法。

....

第 13 章

CHAPTER13

思维转换及其他

“露易丝”遇到了一个问题：她的马“斯派克斯”，想杀了她。[1]

斯派克斯刚刚踢了她的头，将她撞倒在地。过了五分钟，露易丝才缓过来。还好，等她摔倒在地上、不再动弹之后，斯派克斯对她没了兴趣，慢悠悠地走了。

露易丝是在一家加油站的广告牌上看到斯派克斯的宣传页的，当时她和丈夫正从华盛顿州沿海地区的家中驾车前往华盛顿州东部去走亲戚。斯派克斯的主人是个牧场主，他把斯派克斯描绘成了一匹惹人喜爱又充满好奇心的小马驹，喜欢探索新鲜事物，哪怕这意味着它要一蹄一蹄地踏到新水槽里或者是把自己缠在一顶新帐篷里。不知怎的，这些对斯派克斯的描述正好戳中了露易丝的心。她确信斯派克斯就是她梦想中的小马——露易丝辛苦操劳了这么多年，当过兼职秘书，但主要是在当全职妈妈；退休后，她正需要这样一项安安静静的爱好。在回华盛顿州西部的路上，露易丝和丈夫安排好了与斯派克斯的见面。

很奇怪的是，斯派克斯基本上无视露易丝。当露易丝把斯派克斯从畜栏里牵出来后，斯派克斯“反客为主”，一边拖着露易丝走，一边踢起小路边上的草块。但是，露易丝已经认定斯派克斯了——她和丈夫当场买下了它。没错，斯派克斯确实有点野，但露易丝确信，只要稍加训练，斯派克斯很快就能成为自己的“艾德先生”㊀。

可是情况并不是这样。有一天下午，斯派克斯扬起头来准备攻击露易丝。当斯派克斯探过来准备咬她的时候，露易丝都能看到它的后槽牙了。还有一次，斯派克斯直接把露易丝踢到了畜棚外，露易丝撞到了一块木板上，接下来的几周都是一瘸一拐的。她受的伤越来越多——拇指的伤口深可见骨，各种瘀伤，以及屡屡被踩伤的脚趾。

露易丝曾试着骑上斯派克斯，但只要她一骑上去，斯派克斯就会把她摔下来，或者会等她放松下来后突然朝一侧倒下，企图从露易丝身上滚过去。如果露易丝用缰绳牵着斯派克斯，斯派克斯就会等他们爬上陡峭的山坡后用头把她撞下坡去。再或者，斯派克斯干脆飞奔起来，从邻居们的院子里疾驰而去。

露易丝一直以来都很喜欢动物，——她一直觉得动物们思考和学习的方式十分有趣，但斯派克斯的情况却日益失控。事

㊀《艾德先生》是美国一部电视情景喜剧，主角是一匹会说话的马。——译者注

实上，露易丝已经开始怀疑斯派克斯会不会是马匹中的变态了。

然而，问题在于，如果露易丝告诉任何人斯派克斯的真实情况，那斯派克斯就会变得一文不值了。

露易丝感到自己陷入了困境，而斯派克斯的状况正变得越来越糟糕。

发掘隐蔽的潜力

据说，现代人类在大约六万年前迁入欧洲和亚洲，他们在那里发现，现代马匹正等着他们。[2]这可是大餐呀！于是，在接下来的几万年间，人类大肆猎捕、屠杀，并食用马匹。终于，在大约六千年前，人们开始意识到马匹那隐蔽的潜力。[3]马可以产马奶，还可以驮运和拖拉东西。马甚至还能（天啊！）让人骑！马的驯化在人类文明进程中有着深远影响。在本书之前的章节里，我们见识了在科曼奇族惊人的扩张过程中马匹起到的重要作用。

让我们来思考一下这意味着什么：人类用了五万多年的时间才发现马匹拥有非同寻常的、隐蔽的潜力，而所谓的“隐蔽”其实就明明白白地摆在人类眼前。

本书的主旨是“冲破阻碍，了解并发现你不为人知的潜力”，这一理念的覆盖面极广，正如我们在世界各地与那些来自各行各业、进行过思维转换的人见面时所见识到的那样。然而，特别是当我们钻研其中的科学道理时，一则共识逐渐明晰起来：通常情况下，人们能做的、能改变的、能学习的，往往远远超出自己的想象。我们隐蔽的潜力就明明白白地摆在我们眼前。

我之所以有了写作这本书的灵感，是因为和荷兰在线游戏玩家塔妮娅·德比一样，我是个人到中年的第二次机会把握者。按理说，我早已应该稳定自己的事业、确定自己的人生之路了，但这时，我幸运地得到了一个机会，让我可以改变自己，不再做那个看起来只擅长语言和人文学科的人。于是，我得以踏上事业的新道路，并最终成为一名工程学教授。

目前，我一直都坐在屏幕前忙于运营“学会如何学习”这门慕课课程，并被选课人做出的种种改变而打动。我一次又一次地看到，人在任何年龄、任何阶段，都是有能力学习并改变的——不仅限于像我一样从人文学科转到工程学，而是可以完成几乎任何方向的转变。这种思维转换不仅关乎追求自己的兴趣爱好，更关乎拓宽自己的兴趣爱好——在个人生活和事业中，从新的方向重新展望自身未来，然后以一个学习者的身份迈步向前，开拓新天地。

在写这本书时，我听了成千上万鼓舞人心的故事。所以你要知道，我在这本书里着重描写的那些真实的人生小故事仅仅是所有可能性的冰山一角。这本书本可以提供比现在多10倍的故事和案例，但再多的故事都离不开一条共同的主线，那就是人们正通过学习来重塑自己的工作和生活。

学习中包含着相互重叠的两方面，本书对这两方面均进行了讨论。首先要认识到，思维转换（通过学习达成的深刻人生转变）是无论年龄、无论目标，皆可实现的。书籍以及其他学习方式均可促成一系列转变——比如我们已经看到的，克劳迪娅·梅多斯战胜抑郁症，邱缘安通过调整自己的态度，在工作和生活中皆取得了成功。超级慕课学习者让我们看到学习是多么强大、有趣，甚至还能让人上瘾。当我们老去，学习也可以让我们的大脑保持鲜活状态。确实，我所遇到的那些热衷于学习的退休人员总能让我联想到那些特别成熟、聪明的青少年，跟他们待在一起，总是会很有趣。

思维转换的第二个方面与事业有关——事业的选择、事业的提升和事业的转变。上述种种都不仅需要有学习的欲望，还要有冷静审视学习方向和目标的能力。有时候，退后一步，对某一学科进行整体评估是十分有必要的，如特伦斯·谢诺夫斯基，就是一位转行成为神经科学家的原物理专业学生。当他意识到自己专攻的物理学分支的局限性之后，他就转到了神经科学领域，在这一领域，他可以做出更重大的贡献。与之形成对比的是，市场营销大师阿里·纳克维选择了搜索引擎优化领域，然而他有限的计算机相关技能却是个问题。但纳克维通过慕课课程学习，补足了自己在专业知识上的不足，实现了进步。能力的不断提升为他带来了一次次的升职，因此他很快就进入了管理层。

我们一定要记住，特伦斯和阿里都发现，自己看似毫不相关的过往经历对他们的新事业而言是颇具价值的。特伦斯所受的物理学训练为他在神经科学领域运用到的数学模型奠定了基础。阿里的高尔夫背景使他拥有情绪意识，可以避免让自己过去的错误影响将来的行动，同时，阿里还在与运动相关的市场营销上极具优势。

事实上，贯穿本书的一个普遍主题就是，过去的背景和所受训练虽然最初看起来并无用处，但却常常会对你的新职业大有助益。比如，阿尔尼姆·罗迪克的分析性思维方式就是在他接受电气工程师训练时培养出来的，并对他日后改行做木制品工艺起到了重要的推动作用。塔妮娅·德比看似无聊可笑的游戏生涯为她带来了一份很棒的管理线上社群的工作。乔纳森·克罗尔的罗曼语言背景帮助他更好地学习计算机科学。而格雷厄姆·基尔作为一名由音乐家改行的医学生，他在音乐方面的专业知识可以使他更有效地做出医学诊断。

格雷厄姆·基尔从他挚爱的音乐领域改行学习艰难的医学，这种转变看似不可能，但却向我们展示了一个人可以如何拓宽自己的兴趣爱好，从看似不可动摇的"这是我唯一的人生道路"发展到拥有全新的兴趣爱好——甚至在我们曾经不屑一顾的领域中找到它们。随着在线学习工具日趋便利，实现这种巨大的转变也变得更为可行。我们看到，格雷厄姆便是通过在自己的苹果手机上阅读一本简单的初级微积分电子书来开始自己的思维转换的，这样他就可以在乘公交车去演出或是去学校的路上浏览一些基本概念。还有人通过数字工具和慕课课程来加强自己的专业知识，或者学习一项第二技能——以便发掘新的事业可能性或者是探索一般的兴趣爱好。

线上学习世界非常美好的一点就是，它很好地适应了大脑的学习方式。比如，在慕课课程中，教学可以通过短小但非常容易记忆的视频来完成，它们能抓住你的注意力。每个视频讲座都可能是教授讲得最好的一次课。强大的在线学习工具可以让你一遍又一遍地练习，直到每个概念都形成组块，成为你的第二天性。当与传统教科书，甚至是教室内教学活动中的“面对面”指导相结合时，在线学习可以成为最佳学习方式的一部分。

慕课的学习社群之间也有着社交联系，这便是它的另一大好处。随着慕课渐渐成熟，这些社群也会不断完善。慕课的确是在日趋成熟——在前一章中，你已经对慕课课程的幕后制作过程有了足够的了解，这或许可以让你对最佳慕课课程的未来发展方向心中有数了。

尤其使人备感振奋的是，考虑周到、富于创意又方便获取的线上教学不仅改善了学生的人生，同时也激励着教师们提高教学水平。全新的教学材料也在教育技术领域带来了一场数字学习革命，相应地，教育–学习领域也获得了新的活力。当然，DIY㊀自我修补式学习的潮流也有了更大发展，其中最成功的要数图书馆和社区中心里的“创客空间”（makerspaces），在那里，大家可以使用三维打印机及其他各式各样的工具。

> 对于每份工作来说……我们最看重的都是综合认知能力。综合认知能力并不是智商，而是学习能力，是在忙碌中处理问题的能力，是整合各种迥异的信息碎片的能力。[4]
>
> ——拉斯洛·博克（Laszlo Bock）
>
> Google 公司人力运营部高级副总裁

㊀ 即“Do It Yourself”，指自己动手做。——译者注

思维转换的一大挑战在于，小时候，我们中的大多数人都没有学过该如何学习。也就是说在我们年轻的时候，我们往往会追求（最起码当时是这样）我们自认为比较擅长的东西。我们随后会认为那个就是自己的激情所在——是我们应该做的事。当我们在自己“天生”就擅长的领域之外进行尝试时，成绩多半会不尽如人意，于是上述想法就会得到进一步的巩固。我们很容易忘记，有些事情是需要更多时间才能做好的，而只要我们真的做好了，这些事情就可以成为我们新的爱好。此外，正如数学教育家普里西斯·阿洛蒂向我们示范的那样，当我们的爱好暂时被坎坷的命运所阻拦时，我们可以好好利用这段时间，不仅可以拓展更广阔的兴趣爱好，而且还可以成为更全面发展的人。普林西斯的公共演讲能力，以及她克服自身冒名顶替感的能力，都将使她终身受益。

由于获得标准化学习的途径几乎完全局限于过去几个世纪为年轻人设计建造的实体学校，所以社会陷入了一种“学习是年轻人的事”的心态。但是，有了慕课和其他在线学习机会，人们开始认识到所有人都可以学习，而且在人生的所有阶段都可以进行。这就是为什么像新加坡这样的创新型国家都很强调终身学习的人生态度，这种人生态度重视任何形式的学习，无论其主题或目标。

了解大脑的运作可以让我们充分利用我们学习的方方面面。在本书中，我试图传达一些前景广阔的最新见解，以说明成年人应该如何继续学习，如何发展至高度成熟的状态，以及终身学习的人生态度会如何帮助防止经常随年龄增长而来的思维僵化和衰退。数字媒体是其中的一部分。例如，正如研究人员达芙妮·巴韦利埃与亚当·加扎利所展示的那样，视频游戏可以提供全新而有趣的方式来保持乃至提高我们的认知能力。但是，诸如冥想之类的非数字方法也可以巩固学习过程中的不同层面。我们已经看到，注意力专注型的冥想方式可以激活神经网络中负责专注力的部分，而开放监控型冥想则可以改善与默认模式网络相关的发散型、富有想象力的思维过程。

现在你来试试!

思维转换中的关键理念

以“关键性思维转换理念”为题，列出你所认为的本书中的关键理念。(这样做可以帮助你将这些概念组块化并记住它们。) 你认为别人的列表会跟你的一样吗？为什么大家的列表会有所不同呢？

掌控局势

其他哺乳动物的很多学习方式似乎与人类相同，甚至有证据显示，其他哺乳动物也会运用专注和发散模式。[5]只不过，典型的哺乳动物无法使用语言，这会让学习变得困难得多。想象有一只小狗在你身边跳来跳去，想要猜出你想让它做什么——你想让我打个滚吗？不是……想让我坐着吗？可恶……

也不是想让我坐着。求求你了——就告诉我想让我做什么吧，我一定会照办的！

无法交流，这似乎也是斯派克斯的问题之一。

斯派克斯是一匹墨黑色的马，臀部上布满了白色斑点，因此得名“斯派克斯”，这是英语中“斑点”一词的缩写。斯派克斯出生时它的妈妈难产，头一个月里总是病怏怏的，但它很可爱，又很调皮，很快就成了大家的宠儿。农场主十几岁的女儿埃德温娜原本计划留下斯派克斯，于是就开始教斯派克斯一些她从一位老牧场工人那里学来的技巧。埃德温娜最初教给斯派克斯的几个技巧中，有一项是躺下。不幸的是，埃德温娜是这样教的，她反复踢斯派克斯的左腿并且猛拉它的头，使它因为失去平衡而摔倒。

露易丝反思了这种训练方法，说：“有些人认为教马完成一些动作是件很有趣的事情，但是对马的教学必须以一种正确的方式开展，因为不管你教会马做什么，那都会成为它们天性的一部分。”换言之，看起来无足轻重的小技巧有可能为一匹马与人类进行互动的方式奠定基础。

而斯派克斯的确掌握了这项特别的技能。躺倒变成了它的默认行为。每当它感到有压力，它就会躺到地上——毕竟，这看上去是人们想要它做的事。斯派克斯发现，在任何情况下，躺下都能为它结束不愉快的体验，无论它面对的是何种挑衅。更棒的是，躺下这一动作给了斯派克斯控制身边人类的权力。比如，如果有人想要骑上它而它却不想被骑，那它只需要停下、躺倒、打滚——这样它就不会被骑了，干净利落。

就地躺下并不是斯派克斯从埃德温娜那里学到的唯一东西。埃德温娜会借助工具来引出她想要的行为——用能让斯派克斯感到疼痛的工具。为了让斯派克斯学会后退，她会用一个金属蹄子来敲打斯派克斯的胸部。斯派克斯会后退，但它从中学到的东西也很清楚：我现在会后退是因为你在折腾我，但如果你不用那个愚蠢的蹄子打我，就别指望我会这样做！

当马感到沮丧，并且不尊重或信任与它们相处的人时，它们所表现的行为包括踢、咬和踩踏。这些斯派克斯全都干过。埃德温娜还有其他比斯派克斯更高大、更好管教的马匹，所以最终埃德温娜决定去骑那些马，扔下斯派克斯，让它自生自灭。斯派克斯的体型不够大，不能胜任日常的农场工作，因此埃德温娜的父亲将斯派克斯送去参加一个残疾儿童骑行计划。这些残疾孩子需要非常温柔、非常有耐心的马，斯派克斯可做不到，所以它最后回到了牧场。

马可以学会一些行为，比如躺下，而这些行为可好可坏。埃德温娜在训练斯派克斯的时候并无恶意——她只是听从了那个牧场工人的建议。但是埃德温娜早期对待斯派克斯的方式让斯派克斯对于学习和对于人类本身都持一种憎恨的态度。它无法理解人类教它的东西。如果斯派克斯会说话，它很有可能会说："你们对待我的方式太不公平了！"有一点是明确的，那就是从斯派克斯的角度来看，学习很讨厌——事实上，讨厌的是人类。

这种觉得学习很讨厌、仅仅会在被鞭策时才学习的情况不仅出现在马身上，在人类身上也是存在的。当年，从中学辍学的扎克·卡塞雷斯看到自己的许多朋友都不再学习，并且出现了更严重的问题行为。当然，扎克的朋友们并没有被关在畜栏里或是被拴在柱子上——他们比斯派克斯有更多的选择。所以跟斯派克斯不同，他们会在课堂上捣乱，对自己不尊重的老师不理不睬，只肯付出最少的努力，得过且过。（斯派克斯深有同感——我现在会做，但只要不是必须做，就别指望我做！）扎克的朋友们不久之后就开始嗑药，或者发现暴力可以帮助他们得到自己想要的。这就是斯派克斯通往地狱之路的人类版本。

突破

50 年前，孩提时代的露易丝住在华盛顿州福克斯的乡下。那时候，她有一匹可爱而温顺的马，总是愉快地驮着她走来走去。这段半个世纪以前的经历也是个问题——露易丝认为自己很了解马匹。但事实是，要对付斯派克斯这种脾气暴躁的动物，露易丝只能算是 62 岁的初学者，这一切远远超出了她的能力范围。她的一切尝试都是徒劳。斯派克斯的好斗行为（冲撞、踢、咬）本来都是可以由一位经验丰富的女骑士来对付的，可能几鞭子就能让它迅速就范。但对于露易丝来说，斯派克斯的攻击性行为令她又害怕又不安。无论如何，通过鞭打来使马儿听话都不是露易丝的作风。

绝望之下，露易丝放下了她的驯马书，开始到网上去寻求驯马专家的帮助。（换言之，就像我们在本书中看过的许多案例那样，她为自己找了一位导师。）露易丝说："驯马师会给我留作业，而我会拍下我做这些作业时的视频。天啊，她真的很严厉——我有很多次因为犯了错误而被她呵斥，但这都是因为她很担心我的安全。她担任我的导师两年。我没告诉别人这件事情，因为没有人会相信我正试着通过向住在大陆另一侧的人求助来解决自己的问题（但是我们成功了！我欠她个大人情），在线学习帮了我一个大忙。"

露易丝惊讶地发现，首先，斯派克斯并没有学会要尊重人类的个人空间。比如，当露易丝进到畜栏里想要陪陪斯派克斯的时候，斯派克斯会直接顶到露易丝的椅子上，用鼻子把露易丝的眼镜挤歪，然后用牙去叼她的书，甚至会在露易丝跳到一边避开它的时候撞翻她的椅子。斯派克斯也没学过什么叫作耐心，所以它会推开露易丝去抢自己想要的东西——通常是食物。此外，斯派克斯还学会了一件事，那就是如果它咬人、用后腿直立、拒绝前行或是就地躺下等，它就能得到自己想要的。当然，如果露易丝待在这样的斯派克斯身边，是不会安全的。

露易丝不知道她该如何着手解决所有这些问题。但最后她终于有了突破。这发生在驯马师教会她用简单的"桥梁和标靶"方法来与马沟通之后。[6]虽然包含了许多错综复杂的技巧，但简单来说，所谓的"桥梁和标靶"就是让动物知道你想让它前往某个标靶。(对于斯派克斯来说，它的标靶就是一个上面画了个 X 的直径为 61 厘米的塑料盘。) 而让动物前往标靶的桥梁，就是你在动物接近标靶的过程中发出的某种啧啧声——动物离标靶越近，你的啧啧声就越快。搭建桥梁的技巧和小孩子们玩的冷热游戏有些相似，在冷热游戏中，啧啧声加快就是在说："再热点、再热点，很好！"

正如教师安妮·沙利文发现可以通过在手上描画单词来教导任性的聋哑儿童海伦·凯勒，"桥梁和标靶"方法终于提供了一条与斯派克斯沟通的途径。通过这一方法，斯派克斯发现，如果它自己决定要朝着某个目标前进（主动学习！），那么不仅会有人提示它是否在正确的路径上，而且如果它到达了目的地，还可以得到蓝莓作为奖励。它掌握了决定权！没有人会用金属蹄子来敲打指挥它，或者是让它摔倒。

驯马师教会露易丝开始观察斯派克斯——真正意义上的观察，这样她才能读懂斯派克斯的态度和行为。通过观察斯派克斯，露易丝发现，虽然斯派克斯会按照她的要求做，但是有时它在做的时候会眯着眼睛，或是生气地把耳朵耸向后方，身体僵硬，好像在说："我会按你说的做，但是去你的吧！"

露易丝发现，读懂动物的窍门在于探究其行为背后的想法，而不是只关注动物是否完成了眼下的任务。比如，总有小孩会在被催了无数次以后才把自己的房间收拾好。当然，他的确收拾干净了，但是在此之前，他会重重地跺着脚往房间走，很不礼貌地喊一声："好！"然后偷偷地小声说着妈妈的坏话。

以一种负面的态度完成任务和单纯地完成任务是不一样的。露易丝指出："态度胜过一切。你必须非常清楚自己要提供什么奖励。"

关键性思维转换

态度

态度胜过一切。

露易丝建议说，解读马的态度始于记住去探究它的态度。"你可以切实感受到马什么时候是开心的、放松的，或是与之相反，什么时候马是紧张的，什么时候出问题了。"

露易丝指出，这些知识很难从书本中习得。"这是需要靠直觉完成的学习，需要从经验中获得，而且还得有一名好老师来为你指出这些。"

录像并评估自己的表现是露易丝的学习过程中又一个非常重要的方面。露易丝解释道："我自认为是个很有天赋的驯马师。"但是露易丝的导师会看视频，并把她的实际表现告诉她。

当露易丝最初开始训练斯派克斯时，在教练的指导下，前几周她是站在栅栏后面的。斯派克斯的第一堂课很简单，就是要学会不把头探到栅栏另一侧露易丝这边来，同时保持一种快乐的态度：耳朵向前耸（这在马身上通常是个积极的信号），身体放松。一旦这样做，它就会得到奖励。露易丝也会因为斯派克斯举止粗鲁而惩罚它，但这种惩罚只是露易丝离开，这样斯派克斯就失去了获得奖励的机会。让斯派克斯因为不良行为付出代价，这提升了露易丝在斯派克斯眼中的重要性，因为如果它不守规矩，露易丝就会离开，于是游戏结束。有趣的是，这也意味着是斯派克斯在控制局面。

慢慢地，露易丝开始站在畜栏里训练斯派克斯了。她学会观察并鼓励斯派克斯呼气。马儿呼气，就像人类一样，是心理和生理放松的标志。她说："如果我们中有一方感到焦虑紧张，我就会大声地呼一口气，而它经常也会跟着做。"露易丝解释说，这样做（简单地呼吸）能够改变她和斯派克斯的情绪状态。

随着露易丝和斯派克斯之间的共同语言越来越多，斯派克斯学到的东西也越来越多了。它学会了踢足球、捡球、用刷子画画，在"不靠近畜棚"的游戏中从露易丝身边疾驰而过，外加在钢琴键上滑动鼻子演奏列勃拉斯风格的曲子。露易丝会透过厨房窗户观看斯派克斯自行练习这些技能，甚至还会看到斯派克斯向她展示自己发明的新点子。

如今，斯派克斯非常喜欢露易丝给自己修蹄子，它会一边像在水疗馆中做美甲那样伸出蹄子，一边亲昵地轻咬露易丝。露易丝现在骑斯派克斯时可以不用马鞍也不用缰绳了——她只需要开口说话就能让斯派克斯知道她希望他们走哪条路了。

所以，最终，"桥梁和标靶"搭桥方法为露易丝和斯派克斯提供了一种可供交流的语言。更妙的是，这种交流方法让斯派克斯既可以保全颜面（没错，看起来即便是马也是有一点个体荣誉感的），又能够享受成功的喜悦。斯派克斯现在能够用积极的方式掌控周围的环境了，而且还会因此得到奖励。

回顾自己和斯派克斯一起取得的进步，露易丝认为：“如果你信任并尊重任何动物，并且找到了与它们交流的方式，那么相应地，它们也会与你交流。这样，你就会开始发现一些隐蔽层面上的潜力。”

露易丝自己就像斯派克斯一样，也经历了一次思维转换。露易丝有两个当老师的姐姐，所以她禁不住会反思斯派克斯这种脱胎换骨般的改变如果发生在人身上会是什么样的——她想到公立学校的老师经常得不到学生的尊重和信任，而在允许范围之内，对失礼、不敬或是危险行为的惩罚措施又十分有限。

露易丝说：“斯派克斯会反抗它无法理解或认为不公平的指令。绝大多数马匹都只会接受指令，并不会反抗。如果说斯派克斯跟众多马匹有什么不同之处的话，那么其中一部分就是你越向它施加压力，它就越会激烈地反抗。有时候，即使是今天，斯派克斯也会用诸如咬人这种它曾经有过的行为来试探你的底线。但是，它会平静地接受惩罚，就像试探父母底线时被抓住的小孩子一样。”

今天，斯派克斯和露易丝在一起的样子令人惊叹：他们对彼此有着很明显的尊重和关爱。斯派克斯不仅对露易丝给它的奖赏和关照感兴趣，它还爱上了自己的学习能力。

最近，露易丝在她的教学中加入了组块的理念——她发现在把动作重复三遍之后，斯派克斯通常会自己想出来一些新的任务或技巧，比如，衔起笔刷画画、跳上支架，或者是关门。露易丝十分惊讶，因为斯派克斯竟然会通过刻意练习来完善自己的技能——比如说，把球踢向球网，捡起橡胶指挥棒并投进一个环里，或者是沿着一个小圆圈慢跑（这对于马来说并不简单）。露易丝感到斯派克斯是真的想要掌握它所学的技能。让露易丝觉得特别有趣的是，斯派克斯在学习时，表现与人类不无相似之处：在学习新东西的时候它也会感到困难，但是，每一次当他回来重新做这些事情时，总会比上一次做得更好。

令露易丝惊叹的是，斯派克斯不仅是一名学生，它还是个具有创新精神的创造者，非常喜欢想些新点子。正如露易丝发现的那样，"当你培养出一名像斯派克斯那样成熟老练的学习者时，它会展现出它的创造力，用来取悦自己，而不是你。斯派克斯的创新精神有一部分源自它学会了如何通过操纵我来获得他想要的东西。这跟仅仅让它学习我所想出来的花样是很不一样的。"比如说，如果它希望有人来陪它，它就会站在畜栏中最高的支架上，用某个特定声调发出一声嘶鸣，意思是："出来看看我吧，带点干草来就更好了。"换句话说，斯派克斯已经成功地训练好露易丝，让她响应自己的呼唤。而露易丝也会倾听并回应斯派克斯，比如当它对一些课程有其他想法，有时会提交自己的不同版本。奇异的是，就像一名杰出的教师那样，斯派克斯也有着诙谐开心的一面——它真的非常喜欢逗露易丝笑。让露易丝开心似乎会让斯派克斯感受到极大的满足感和自豪感，让它更加强大，无论是作为老师还是作为学生，而斯派克斯的喜悦也会给露易丝带来类似的影响。

露易丝回顾了自己一路走来的经历——从每晚以泪洗面到把斯派克斯视为生命中的特殊馈赠。她说："我认为，当斯派克斯开始理解它的世界，并发现自己可以通过健康有益的方式来主动掌控自己的世界时，这改变了它的态度。"露易丝对自己和斯派克斯接下来的漫漫旅途充满了期待，就像她说的，不知道他们俩"还可以学到多少东西"呢。

斯派克斯根本不是一匹变态的马，它反倒是马中的天才。无论是试图跟主人一起钻进车里，还是晚上自己在畜栏里进进出出，企图溜进房子里，斯派克斯一直都在勇敢地探索新世界，并且向所有在场的人炫耀它的本领。

打开大门

如果你已经读完了这本书，那你一定会萌生出对知识的渴望。我希望你所读到的内容可以拓宽你认为自己能力所及的范围，并帮助你激发自己探索的激情。记住，人类花了近五万年时间才发现马的用处，虽然这些用处就在我们的眼皮底下。现在，有多少深刻的见解就明白地摆在你面前，而你只要发现了它们，就能为自己的生活带来翻天覆地的改变呢？学习可能是一种压倒性的追求，但学习也为我们提供了一种途径，让我们可以满足内心最深处的需求，活得充实、活得朝气蓬勃。

然而，就像曾经的斯派克斯一样，很多人抗拒学习，或囿于现状，在人生中不思进取。你可能会问，那这些人呢？这些人如何才能完成思维转换？

如果说我能在这本书中给你留下最后一条信息，那就是：有时你需要的只是一个特别的人，一位导师，来解锁（或重塑）生活中的一扇扇门，正如露易丝为斯派克斯做的那样。我希望这本书可以激励你去关注他人——关注那些自我封闭的人。愿你做出的发现能够启发你接触到的那些人，这样，他们也能发现学习之美、学习之乐。

现在你来试试！

掌握自己的思维转换

现在到了回顾与本书有关的笔记和想法的时候了。我们已经讨论了很多领域，但你的心得应该明确分为以下几类：拓宽兴趣爱好，创造梦想，获取成功的思维诀窍，当然，还有很多其他方面。当你通读笔记并回顾自己的想法时，你在自己所写的东西中，发现在你自己、你的目标，以及你的梦想三者之间有哪些共同主线？以“掌握我的思维转换”为题，写下你对个人突破和顿悟的综合思考结果。在读完本书、进行过自我探究之后，你现在有什么具体计划？

最后一个问题。通过反思，你一定已经发现了一条通往未来的积极道路。有没有什么方法能让别人也走上一条积极之路呢？

致　谢

我不知道该如何向所有帮助这本书问世的朋友们表达谢意。我特别感谢 Joanna Ng——企鹅兰登书屋的编辑，她精锐的编辑思路和对大局方向的把握对这个项目的展开产生了巨大的影响。我还要感谢 Sara Carder——企鹅兰登书屋的编辑部主任，她的幕后指导和投入可谓弥足珍贵。对于任何一名作家来说，能拥有一个像 Rita Rosenkranz 这样优秀的书籍代理人实属三生有幸。能够与丽塔合作，是我作为一名作家最幸运的收获之一。

Amy Alkon 是一位出色的科技作家、编辑和很棒的朋友，她仔细梳理了这本书初稿中的每一个用词，一直在精益求精。我非常感谢她乐意分享她的才华，尽管她正忙于自己即将推出的新书。艾米真是一个人能拥有的最好的朋友。

我还要真诚感谢 Cristian Artoni、Daphne Bavelier、Pat Bowden、Brian Brookshire、Zachary Caceres、Jason Cherry、Tanja de Bie、Ronny De Winter、Adam Gazzaley、Alan Gelperin、

Soon Joo Gog、Charles G .Gross、Paul Hundal、Graham Keir、Adam Khoo、Jonathan Kroll、"Hans Lefebvre""Louise"、Claudia Meadows、Ali Naqvi、Mary O’Dea、Laurie Pickard、Arnim Rodeck、Patrick Tay、Ana Belén、Sánchez Prieto、Geoff Sayre-McCord，以及 Terrence Sejnowski，他们富有洞察力的电子邮件、文章和个人讨论帮助奠定了各自相关章节的基础，而且他们的评论也不断为整本书的改善做出贡献。

我要特别感谢 Charlie Chung、Sanou Do Edmond、Stephanie Caceres、Wayne Chan、Jeronimo Castro、Yoni Dayan、Giovanni Dienstmann、Desmond Eng、Beatrice Golomb、Jeridyn Lim、Edward Lin、Vernie Loew、Chee Joo "CJ" Hong、Anuar Andres Lequerica、Hilary Melander、Mary O'Dea、Patrick Peterson、Emiliana Simon-Thomas、Alex Sarlin、Mark Smallwood、Kashyap Tumkur、Brenda Stoelb、David Venturi，以及 Beste Yuksel。

最重要的是，我要感谢我亲爱的家人。每当我需要艺术性见解的时候，我的女婿 Kevin Mendez 总是会慷慨相助，他也是相关阅读材料的智慧源泉。我的科索沃儿子 Bafti Baftiu 和我的孙女 Iliriana 总是拥抱我、鼓励我。我的女儿 Rosie Oakley 是一名优秀的编辑，也是一位优秀的医生，因此我很幸运，能得到她的帮助。我的女儿 Rachel Oakley 时刻都在支持我，给予我灵感和摄影方面的敏锐见解。我的弟弟 Rodney Grim 则是家族的中流砥柱。

最后，我必须说我是世界上最幸运的女人，因为我遇到了 Philip Oakley，而且当他向我求婚时，我说："好的。"他是我灵魂的灯塔，是我精神之旅中的北极星。这本书是献给他的。

图片资料来源

1-1 Graham Keir 的照片，由 Graham Keir 提供。

1-2 波莫多罗定时器，作者：Francesco Cirillo，由 Erato 依据所列许可证法律上传，http://en.wikipedia.org/wiki/File:Il_pomodoro.jpg。

2-1 美国华盛顿州西雅图市地图，原地图网址：https://commons.wikimedia.org/wiki/File:Blankmap-ao-090W-americas.png。

2-2 Claudia Meadows，© 2016 Susie Parrent Photography 版权所有。

3-1 Ali Naqvi 的照片，由 Ali Naqvi 提供。

3-2 长出新突触的神经元的光学显微镜图像，© 2017 Guang Yang 版权所有。

4-1 Tanja de Bie 的照片，由 Barbara Oakley 提供。

4-2 男孩和女孩拥有相似的数学能力，© 2017 Barbara Oakley 版权所有。

4-3 男孩和女孩拥有不同的语言能力，© 2017 Barbara Oakley 版权所有。

4-4 男孩和女孩拥有相似的数学能力和不同的语言能力，© 2017 Barbara Oakley 版权所有。

4-5 Kim Lachut 的照片，© 2016 Kim Lachut 版权所有。

5-1 Zachary Caceres 的照片，© 2017 Philip Oakley 版权所有。

5-2 Zach Caceres 的旅行地图，原世界地图网址：https://commons.wikimedia.org/wiki/File:BlankMap-World-v2.png。

5-3 Joan McCord 的照片，由 Geoff Sayre-McCord 提供。

6-1 Patrick Tay 的照片，由 Patrick Tay 提供。

6-2 新加坡的三方会谈方式图示，© 2017 Barbara Oakley 版权所有。

6-3“T”形图，© 2017 Kevin Mendez 版权所有。

6-4“π”形图，© 2017 Kevin Mendez 版权所有。

6-5 第二技能，© 2017 Barbara Oakley 版权所有。

6-6 蘑菇，© 2017 Kevin Mendez 版权所有。

6-7 技能堆叠，© 2017 Kevin Mendez 版权所有。

6-8 Soon Joo Gog 博士，© 2017 Barbara Oakley 版权所有。

7-1 Adam Khoo，由 Adam Khoo 提供。

7-2 旧日的思维导图，由 Adam Khoo 提供。

7-3 思维模式气球，© 2017 Jessica Ugolini 版权所有。

8-1 Terrence Sejnowski 的青年时代，由 Terrence Sejnowski 提供。

8-2 Terrence Sejnowski 的学习及工作之旅地图，原地图网址：https://en. wikipedia.org/wiki/File: BlankMap-USA-states.png。

8-3a 额中线 θ 波，© 2017 Kevin Mendez 版权所有。

8-3b 从前到后 θ 波，© 2017 Kevin Mendez 版权所有。

8-4 Terrence Sejnowski 在沃特顿，由 Terrence Sejnowski 提供。

8-5 Alan Gelperin 的照片，由 Alan Gelperin 提供。

9-1 加纳阿克拉地图，原地图网址：https://commons. wikimedia. org/wiki/File:Ghana _(orthographic_projection).svg。

9-2 Princess Allotey 的照片，由 Princess Allotey 提供。

10-1 Arnim Rodeck 的照片，© 2016 Arnim Rodeck 版权所有。

10-2 Arnim 的木制工艺品（加利亚诺保护协会），© 2016Arnim Rodeck 版权所有。

10-3 Arnim 的木制工艺品（前门），© 2016Arnim Rodeck 版权所有。

11-1 Arnim 的笔记和书籍，© 2016 Arnim Rodeck 版权所有。

11-2 Laurie Pickard 的照片，© 2015 Laurie Pickard 版权所有。

11-3 慕课证书，© 2017 Jonathan Kroll 版权所有。

11-4 Ana Belen Sanchez Prieto 在工作室里，© 2016 Ana Belen SanchezPrieto 版权所有。

12-1a Barb 在地下室里，© 2017 Barbara Oakley 版权所有。

12-1b Barb 在地下室里的合成照片，© 2017 Barbara Oakley 版权所有。

12-2 Terrence Sejnowski 在海滩上跑步，© 2017 Philip Oakley 版权所有。

12-3 Philip Oakley 在工作室里，© 2017 Rachel Oakley 版权所有。

12-4 Dhawal Shah 的照片，© 2016 Dhawal Shah 版权所有。

参考文献

Ackerman, PL, et al. "Working memory and intelligence: The same or different constructs?" *Psychological Bulletin* 131, 1 (2005): 30–60.

Ambady, N, and R Rosenthal. "Half a minute: Predicting teacher evaluations from thin slices of nonverbal behavior and physical attractiveness." *Journal of Personality and Social Psychology* 64, 3 (1993): 431–441.

Amir, O, et al. "Ha Ha! Versus Aha! A direct comparison of humor to nonhumorous insight for determining the neural correlates of mirth." *Cerebral Cortex* 25, 5 (2013): 1405–1413.

Anderson, ML. *After Phrenology: Neural Reuse and the Interactive Brain*. Cambridge, MA: MIT Press, 2014.

Anguera, JA, et al. "Video game training enhances cognitive control in older adults." *Nature* 501, 7465 (2013): 97–101.

Antoniou, M, et al. "Foreign language training as cognitive therapy for age-related cognitive decline: A hypothesis for future research." *Neuroscience & Biobehavioral Reviews* 37, 10 (2013): 2689–2698.

Arsalidou, M, et al. "A balancing act of the brain: Activations and deactivations driven by cognitive load." *Brain and Behavior* 3, 3 (2013): 273–285.

Bailey, SK, and VK Sims. "Self-reported craft expertise predicts maintenance of spatial ability in old age." *Cognitive Processing* 15, 2 (2014): 227–231.

Bavelier, D. "Your brain on video games." TED Talks, November 19, 2012. https://www.youtube.com/watch?v=FktsFcooIG8.

Bavelier, D, et al. "Brain plasticity through the life span: Learning to learn and action video games." *Annual Review of Neuroscience* 35 (2012): 391–416.

Bavelier, D, et al. "Removing brakes on adult brain plasticity: From molecular to behavioral interventions." *Journal of Neuroscience* 30, 45 (2010): 14964–14971.

Bavishi, A, et al. "A chapter a day: Association of book reading with longevity." *Social Science & Medicine* 164 (2016): 44–48.

Beaty, RE, et al. "Creativity and the default network: A functional connectivity analysis of the creative brain at rest." *Neuropsychologia* 64 (2014): 92–98.

Bellos, A. "Abacus adds up to number joy in Japan." *Guardian*, October 25, 2012. http://www.theguardian.com/science/alexs-adventures-in-numberland/2012/oct/25/abacus-number-joy-japan.

———. "World's fastest number game wows spectators and scientists." *Guardian*, October 29, 2012. http://www.theguardian.com/science/alexs-adventures-in-numberland/2012/oct/29/mathematics.

Benedetti, F, et al. "The biochemical and neuroendocrine bases of the hyperalgesic nocebo effect." *Journal of Neuroscience* 26, 46 (2006): 12014–12022.

Bennett, DA, et al. "The effect of social networks on the relation between Alzheimer's disease pathology and level of cognitive function in old people: A longitudinal cohort study." *Lancet Neurology* 5, 5 (2006): 406–412.

Biggs, J, et al. "The revised two-factor Study Process Questionnaire: R-SPQ-2F." *British Journal of Educational Psychology* 71 (2001): 133–149.

Bloise, SM, and MK Johnson. "Memory for emotional and neutral information: Gender and individual differences in emotional sensitivity." *Memory* 15, 2 (2007): 192–204.

Brewer, JA, et al. "Meditation experience is associated with differences in default mode network activity and connectivity." *PNAS* 108, 50 (2011): 20254–20259.

Buckner, R, et al. "The brain's default network." *Annals of the New York Academy of Sciences* 1124 (2008): 1–38.

Buhle, JT, et al. "Cognitive reappraisal of emotion: A meta-analysis of human neuroimaging studies." *Cerebral Cortex* 24, 11 (2014): 2981–2990.

Burton, R. *On Being Certain*. New York: St. Martin's Griffin, 2008.

Caceres, Z. "The Michael Polanyi College: Is this the future of higher education?" Virgin Disruptors, September 17, 2015. http://www.virgin.com/disruptors/the-michael-polanyi-college-is-this-the-future-of-higher-education.

Chan, YC, and JP Lavallee. "Temporo-parietal and fronto-parietal lobe contributions to theory of mind and executive control: An fMRI study of verbal jokes." *Frontiers in Psychology* 6 (2015): 1285. doi:10.3389/fpsyg.2015.01285.

Channel NewsAsia. "Committee to review Singapore's economic strategies revealed." December 21, 2015. http://www.channelnewsasia.com/news/business/singapore/committee-to-review/2365838.html.

Choi, H-H, et al. "Effects of the physical environment on cognitive load and learning: Towards a new model of cognitive load." *Educational Psychology Review* 26, 2 (2014): 225–244.

Chou, PT-M. "Attention drainage effect: How background music effects concentration in Taiwanese college students." *Journal of the Scholarship of Teaching and Learning* 10, 1 (2010): 36–46.

Clance, PR, and SA Imes. “The imposter phenomenon in high achieving women: Dynamics and therapeutic intervention.” *Psychotherapy: Theory, Research & Practice* 15, 3 (1978): 241.

Cognitive Science Online. “A chat with computational neuroscientist Terrence Sejnowski.” 2008. http://cogsci-online.ucsd.edu/6/6-3.pdf.

Conway, AR, et al. “Working memory capacity and its relation to general intelligence.” *Trends in Cognitive Sciences* 7, 12 (2003): 547–552.

Cooke, S, and T Bliss. “The genetic enhancement of memory.” *Cellular and Molecular Life Sciences* 60, 1 (2003): 1–5.

Cotman, CW, et al. “Exercise builds brain health: Key roles of growth factor cascades and inflammation.” *Trends in Neurosciences* 30, 9 (2007): 464–472.

Cover, K. *An Introduction to Bridge and Target Technique*. Norfolk: The Syn Alia Animal Training Systems, 1993.

Crick, F. *What Mad Pursuit*. New York: Basic Books, 2008.

Crum, AJ, et al. “Mind over milkshakes: Mindsets, not just nutrients, determine ghrelin response.” *Health Psychology* 30, 4 (2011): 424–429.

Davies, G, et al. “Genome-wide association studies establish that human intelligence is highly heritable and polygenic.” *Molecular Psychiatry* 16, 10 (2011): 996–1005.

Davis, N. “What makes you so smart, computational neuroscientist?” *Pacific Standard*, August 6, 2015. http://www.psmag.com/books-and-culture/what-makes-you-so-smart-computational-neuroscientist.

Deardorff, J. “Exercise may help brain the most.” *Waterbury* (CT) *Republican American*, May 31, 2015. http://www.rep-am.com/articles/2015/06/18/lifestyle/health/884526.txt.

de Bie, T. “Troll Hunting.” *Drink a Cup of Tea: And Other Useful Advice on Online Community Management*, December 15, 2013. http://www.tanjadebie.com/ComMan/?p=15.

DeCaro, MS, et al. “When higher working memory capacity hinders insight.” *Journal of Experimental Psychology: Learning, Memory, and Cognition* 42, 1 (2015): 39–49.

De Luca, M, et al. “fMRI resting state networks define distinct modes of long-distance interactions in the human brain.” *NeuroImage* 29, 4 (2006): 1359–1367.

Deming, WE. *Out of the Crisis*. Cambridge: MIT Press, 1986.

Derntl, B, et al. “Multidimensional assessment of empathic abilities: Neural correlates and gender differences.” *Psychoneuroendocrinology* 35, 1 (2010): 67–82.

De Vriendt, P, et al. “The process of decline in advanced activities of daily living: A qualitative explorative study in mild cognitive impairment.” *International Psychogeriatrics* 24, 06 (2012): 974–986.

Di, X, and BB Biswal. “Modulatory interactions between the default mode network and task positive networks in resting-state.” *PeerJ* 2 (2014): e367.

Dienstmann, G. “Types of meditation: An overview of 23 meditation techniques.” *Live and Dare: Master Your Mind, Master Your Life*, 2015. http://liveanddare.com/types-of-meditation/.

DiMillo, I. "Spirit of Agilent." *InfoSpark (The Agilent Technologies Newsletter)*, January 2003.

Dishion, TJ, et al. "When interventions harm: Peer groups and problem behavior." *American Psychologist* 54, 9 (1999): 755–764.

Doherty-Sneddon, G, and FG Phelps. "Gaze aversion: A response to cognitive or social difficulty?" *Memory & Cognition* 33, 4 (2005): 727–733.

Duarte, N. *HBR Guide to Persuasive Presentations*. Cambridge, MA: Harvard Business Review Press, 2012.

Duckworth, A. *Grit*. New York: Scribner, 2016.

Dweck, C. *Mindset*. New York: Random House, 2006.

Dye, MW, et al. "The development of attention skills in action video game players." *Neuropsychologia* 47, 8 (2009): 1780–1789.

———. "Increasing speed of processing with action video games." *Current Directions in Psychological Science* 18, 6 (2009): 321–326.

Einöther, SJ, and T Giesbrecht. "Caffeine as an attention enhancer: Reviewing existing assumptions." *Psychopharmacology* 225, 2 (2013): 251–274.

Eisenberger, R. "Learned industriousness." *Psychological Review* 99, 2 (1992): 248.

Ellis, AP, et al. "Team learning: Collectively connecting the dots." *Journal of Applied Psychology* 88, 5 (2003): 821.

Ericsson, KA, and R Pool. *Peak*. Boston: Eamon Dolan/Houghton Mifflin Harcourt, 2016.

Felder, RM, and R Brent. *Teaching and Learning STEM: A Practical Guide*. San Francisco: Jossey-Bass, 2016.

Fendler, L. "The magic of psychology in teacher education." *Journal of Philosophy of Education* 46, 3 (2012): 332–351.

Finn, ES, et al. "Disruption of functional networks in dyslexia: A whole-brain, data-driven analysis of connectivity." *Biological Psychiatry* 76, 5 (2014): 397–404.

Fox, M, et al. "The human brain is intrinsically organized into dynamic, anticorrelated functional networks." *PNAS* 102 (2005): 9673–9678.

Frank, MC, and D Barner. "Representing exact number visually using mental abacus." *Journal of Experimental Psychology: General* 141, 1 (2012): 134–149.

Freeman, S, et al. "Active learning increases student performance in science, engineering, and mathematics." *PNAS* 111, 23 (2014): 8410–8415.

Friedman, TL. "How to get a job at Google." *New York Times*, February 22, 2014. http://www.nytimes.com/2014/02/23/opinion/sunday/friedman-how-to-get-a-job-at-google.html?_r=0.

Garrison, KA, et al. "Meditation leads to reduced default mode network activity beyond an active task." *Cognitive, Affective, & Behavioral Neuroscience* 15, 3 (2015): 712–720.

Gazzaley, A. "Harnessing brain plasticity: The future of neurotherapeutics." GTC Keynote Presentation, March 27, 2014. http://on-demand.gputechconf.com/gtc/2014/video/s4780-adam-gazzaley-keynote.mp4.

Giammanco, M, et al. "Testosterone and aggressiveness." *Medical Science Monitor* 11, 4 (2005): RA136–RA145.

Golomb, BA, and MA Evans. "Statin adverse effects." *American Journal of Cardiovascular Drugs* 8, 6 (2008): 373–418.

Goyal, M, et al. "Meditation programs for psychological stress and well-being: A systematic review and meta-analysis." *JAMA Internal Medicine* 174, 3 (2014): 357–368.

Green, CS, and D Bavelier. "Action video game training for cognitive enhancement." *Current Opinion in Behavioral Sciences* 4 (2015): 103–108.

Grossman, P, et al. "Mindfulness-based stress reduction and health benefits: A meta-analysis." *Journal of Psychosomatic Research* 57, 1 (2004): 35–43.

Gruber, H. "On the relation between 'aha experiences' and the construction of ideas." *History of Science* 19 (1981): 41–59.

Guida, A, et al. "Functional cerebral reorganization: A signature of expertise? Reexamining Guida, Gobet, Tardieu, and Nicolas' (2012) two-stage framework." *Frontiers in Human Neuroscience* 7 (2013): 590. doi:10.3389/fnhum.2013.00590.

Gwynne, SC. *Empire of the Summer Moon*. New York: Scribner, 2011.

Hackathorn, J, et al. "All kidding aside: Humor increases learning at knowledge and comprehension levels." *Journal of the Scholarship of Teaching and Learning* 11, 4 (2012): 116–123.

Hanft, A. "What's your talent stack?" *Medium*, March 19, 2016. https://medium.com/@ade3/what-s-your-talent-stack-a66a79c5f331#.hd72ywcwj.

Harp, SF, and RE Mayer. "How seductive details do their damage: A theory of cognitive interest in science learning." *Journal of Educational Psychology* 90, 3 (1998): 414.

HarvardX. "HarvardX: Year in Review 2014–2015." 2015. http://harvardx.harvard.edu/files/harvardx/files/110915_hx_yir_low_res.pdf?m=1447339692.

Horovitz, SG, et al. "Decoupling of the brain's default mode network during deep sleep." *PNAS* 106, 27 (2009): 11376–11381.

Howard, CJ, and AO Holcombe. "Unexpected changes in direction of motion attract attention." *Attention, Perception & Psychophysics* 72, 8 (2010): 2087–2095.

Huang, R-H, and Y-N Shih. "Effects of background music on concentration of workers." *Work* 38, 4 (2011): 383–387.

Immordino-Yang, MH, et al. "Rest is not idleness: Implications of the brain's default mode for human development and education." *Perspectives on Psychological Science* 7, 4 (2012): 352–364.

Isaacson, W. "The light-beam rider." *New York Times*, October 30, 2015. http://www.nytimes.com/2015/11/01/opinion/sunday/the-light-beam-rider.html?_r=0.

Jang, JH, et al. "Increased default mode network connectivity associated with meditation." *Neuroscience Letters* 487, 3 (2011): 358–362.

Jansen, T, et al. "Mitochondrial DNA and the origins of the domestic horse." *PNAS* 99, 16 (2002): 10905–10910.

Jaschik, S. "MOOC Mess." *Inside Higher Ed*, February 4, 2013. https://www.inside

highered.com/news/2013/02/04/coursera-forced-call-mooc-amid-complaints-about-course.

Katz, L, and M Rubin. *Keep Your Brain Alive*. New York: Workman, 2014.

Kaufman, SB, and C Gregoire. *Wired to Create*. New York: TarcherPerigee, 2015.

Keller, EF. *A Feeling for the Organism: The Life and Work of Barbara McClintock*, 10th Anniversary Edition. New York: Times Books, 1984.

Kheirbek, MA, et al. "Neurogenesis and generalization: A new approach to stratify and treat anxiety disorders." *Nature Neuroscience* 15 (2012): 1613–1620.

Khoo, A. *Winning the Game of Life*. Singapore: Adam Khoo Learning Technologies Group, 2011.

Kojima, T, et al. "Default mode of brain activity demonstrated by positron emission tomography imaging in awake monkeys: Higher rest-related than working memory-related activity in medial cortical areas." *Journal of Neuroscience* 29, 46 (2009): 14463–14471.

Kühn, S, et al. "The importance of the default mode network in creativity: A structural MRI study." *Journal of Creative Behavior* 48, 2 (2014): 152–163.

Kuhn, T. *The Structure of Scientific Revolutions*. Chicago: University of Chicago Press, 1962 (1970, 2nd ed.).

Li, R, et al. "Enhancing the contrast sensitivity function through action video game training." *Nature Neuroscience* 12, 5 (2009): 549–551.

Lieberman, HR, et al. "Effects of caffeine, sleep loss, and stress on cognitive performance and mood during U.S. Navy SEAL training." *Psychopharmacology* 164, 3 (2002): 250–261.

Lu, H, et al. "Rat brains also have a default mode network." *PNAS* 109, 10 (2012): 3979–3984.

Lv, J, et al. "Holistic atlases of functional networks and interactions reveal reciprocal organizational architecture of cortical function." *IEEE Transactions on Biomedical Engineering* 62, 4 (2015): 1120–1131.

Lv, K. "The involvement of working memory and inhibition functions in the different phases of insight problem solving." *Memory & Cognition* 43, 5 (2015): 709–722.

Lyons, IM, and SL Beilock. "When math hurts: Math anxiety predicts pain network activation in anticipation of doing math." *PLoS ONE* 7, 10 (2012): e48076.

Mantini, D, et al. "Default mode of brain function in monkeys." *Journal of Neuroscience* 31, 36 (2011): 12954–12962.

Maren, S, et al. "The contextual brain: Implications for fear conditioning, extinction and psychopathology." *Nature Reviews Neuroscience* 14, 6 (2013): 417–428.

Markoff, J. "The most popular online course teaches you to learn." *New York Times*, December 29, 2015. http://bits.blogs.nytimes.com/2015/12/29/the-most-popular-online-course-teaches-you-to-learn/.

Marshall, BJ, and JR Warren. "Barry J. Marshall: Biographical." Nobelprize.org, 2005. http://www.nobelprize.org/nobel_prizes/medicine/laureates/2005/marshall-bio.html.

Martin, C. "It's never too late to learn to code." May 7, 2015. https://medium.com/@chasrmartin/it-s-never-too-late-to-learn-to-code-936f7db43dd1.

Martin, D. "Joan McCord, who evaluated anticrime efforts, dies at 73." *New York Times*, March 1, 2004. http://www.nytimes.com/2004/03/01/nyregion/joan-mccord-who-evaluated-anticrime-efforts-dies-at-73.html.

Mazur, A, and A Booth. "Testosterone and dominance in men." *Behavioral and Brain Sciences* 21, 3 (1998): 353–363.

McCord, J. "Consideration of some effects of a counseling program." *New Directions in the Rehabilitation of Criminal Offenders* (1981): 394–405.

———. "Learning how to learn and its sequelae." In *Lessons of Criminology*, edited by Geis, G, and M Dodge, 95–108. Cincinnati: Anderson Publishing, 2002.

———. "A thirty-year follow-up of treatment effects." *American Psychologist* 33, 3 (1978): 284–289.

Mehta, R, et al. "Is noise always bad? Exploring the effects of ambient noise on creative cognition." *Journal of Consumer Research* 39, 4 (2012): 784–799.

Melby-Lervåg, M, and C Hulme. "Is working memory training effective? A meta-analytic review." *Developmental Psychology* 49, 2 (2013): 270–291.

Menie, MA, et al. "By their words ye shall know them: Evidence of genetic selection against general intelligence and concurrent environmental enrichment in vocabulary usage since the mid-19th century." *Frontiers in Psychology* 6 (2015): 361. doi:10.3389/fpsyg.2015.00361.

Merzenich, M. *Soft-Wired*. 2nd ed. San Francisco: Parnassus Publishing, 2013.

Mims, C. "Why coding is your child's key to unlocking the future." *Wall Street Journal*, April 26, 2015. http://www.wsj.com/articles/why-coding-is-your-childs-key-to-unlocking-the-future-1430080118.

Mondadori, CR, et al. "Better memory and neural efficiency in young apolipoprotein E ε4 carriers." *Cerebral Cortex* 17, 8 (2007): 1934–1947.

Montagne, B, et al. "Sex differences in the perception of affective facial expressions: Do men really lack emotional sensitivity?" *Cognitive Processing* 6, 2 (2005): 136–141.

Moon, HY, et al. "Running-induced systemic cathepsin B secretion is associated with memory function." *Cell Metabolism* 24 (2016): 1–9. doi:10.1016/j.cmet.2016.05.025.

Mori, F, et al. "The effect of music on the level of mental concentration and its temporal change." In *CSEDU 2014: 6th International Conference on Computer Supported Education*, 34–42. Barcelona, Spain, 2014.

Moussa, M, et al. "Consistency of network modules in resting-state fMRI connectome data." *PLoS ONE* 7, 8 (2012): e44428.

Nakano, T, et al. "Blink-related momentary activation of the default mode network while viewing videos." *PNAS* 110, 2 (2012): 702–706.

Oakley, B. *Evil Genes: Why Rome Fell, Hitler Rose, Enron Failed, and My Sister Stole My Mother's Boyfriend*. Amherst, NY: Prometheus Books, 2007.

———. "How we should be teaching math: Achieving 'conceptual' understanding doesn't mean true mastery. For that, you need practice." *Wall Street Journal*, September 22, 2014. http://www.wsj.com/articles/barbara-oakley-repetitive-work-in-math-thats-good-1411426037.

———. "Why virtual classes can be better than real ones." *Nautilus*, October 29, 2015. http://nautil.us/issue/29/scaling/why-virtual-classes-can-be-better-than-real-ones.

Oakley, B, et al. "Turning student groups into effective teams." *Journal of Student Centered Learning* 2, 1 (2003): 9–34.

Oakley, B, et al. "Improvements in statewide test results as a consequence of using a Japanese-based supplemental mathematics system, Kumon Mathematics, in an inner-urban school district." In *Proceedings of the ASEE Annual Conference*. Portland, Oregon, 2005.

Oakley, B, et al. "Creating a sticky MOOC." *Online Learning Consortium* 20, 1 (2016): 1–12.

Oakley, BA. "Concepts and implications of altruism bias and pathological altruism." *PNAS* 110, suppl. 2 (2013): 10408–10415.

Oakley, BA. *A Mind for Numbers: How to Excel at Math and Science*. New York: Penguin Random House, 2014.

O'Connor, A. "How the hum of a coffee shop can boost creativity." *New York Times*, June 21, 2013. http://well.blogs.nytimes.com/2013/06/21/how-the-hum-of-a-coffee-shop-can-boost-creativity/?ref=health&_r=1&.

Overy, K. "Dyslexia and music." *Annals of the New York Academy of Sciences* 999, 1 (2003): 497–505.

Pachman, M, et al. "Levels of knowledge and deliberate practice." *Journal of Experimental Psychology: Applied* 19, 2 (2013): 108–119.

Patros, CH, et al. "Visuospatial working memory underlies choice-impulsivity in boys with attention-deficit/hyperactivity disorder." *Research in Developmental Disabilities* 38 (2015): 134–144.

Patston, LL, and LJ Tippett. "The effect of background music on cognitive performance in musicians and nonmusicians." *Music Perception: An Interdisciplinary Journal* 29, 2 (2011): 173–183.

Petrovic, P, et al. "Placebo in emotional processing: Induced expectations of anxiety relief activate a generalized modulatory network." *Neuron* 46, 6 (2005): 957–969.

Pogrund, B. *How Can Man Die Better: Sobukwe and Apartheid*. London: Peter Halban Publishers, 1990.

Powers, E, and HL Witmer. *An Experiment in the Prevention of Delinquency: The Cambridge-Somerville Youth Study*. Montclair, NJ: Patterson Smith, 1972.

Prusiner, SB. *Madness and Memory*. New Haven, CT: Yale University Press, 2014.

Ramón y Cajal, S. *Recollections of My Life*, translated by Craigie, EH. Cambridge, MA: MIT Press, 1989. (Originally published as *Recuerdos de Mi Vida* in Madrid, 1937.)

Rapport, MD, et al. "Hyperactivity in boys with attention-deficit/hyperactivity disorder (ADHD): A ubiquitous core symptom or manifestation of working memory deficits?" *Journal of Abnormal Child Psychology* 37, 4 (2009): 521–534.

Rittle-Johnson, B, et al. "Not a one-way street: Bidirectional relations between procedural and conceptual knowledge of mathematics." *Educational Psychology Review* 27, 4 (2015): 587–597.

Ronson, J. *So You've Been Publicly Shamed*. New York: Riverhead, 2015.

Rossini, JC. "Looming motion and visual attention." *Psychology & Neuroscience* 7, 3 (2014): 425–431.

Sane, J. "Free Code Camp's 1,000+ study groups are now fully autonomous." Free Code Camp, May 20, 2016. https://medium.freecodecamp.com/free-code-camps-1-000-study-groups-are-now-fully-autonomous-d40a3660e292#.8v4dmr7oy.

Sapienza, P, et al. "Gender differences in financial risk aversion and career choices are affected by testosterone." *PNAS* 106, 36 (2009): 15268–15273.

Schafer, SM, et al. "Conditioned placebo analgesia persists when subjects know they are receiving a placebo." *Journal of Pain* 16, 5 (2015): 412–420.

Schedlowski, M, and G Pacheco-López. "The learned immune response: Pavlov and beyond." *Brain, Behavior, and Immunity* 24, 2 (2010): 176–185.

Sedivy, J. "Can a wandering mind make you neurotic?" *Nautilus*, November 15, 2015. http://nautil.us/blog/can-a-wandering-mind-make-you-neurotic.

Shih, Y-N, et al. "Background music: Effects on attention performance." *Work* 42, 4 (2012): 573–578.

Shin, L. "7 Steps to Developing Career Capital and Achieving Success." *Forbes*, May 22, 2013. http://www.forbes.com/sites/laurashin/2013/05/22/7-steps-to-developing-career-capital-and-achieving-success/#256f16d32d3d.

Simonton, DK. *Creativity in Science: Chance, Logic, Genius, and Zeitgeist*. Cambridge, UK: Cambridge University Press, 2004.

Sinanaj, I, et al. "Neural underpinnings of background acoustic noise in normal aging and mild cognitive impairment." *Neuroscience* 310 (2015): 410–421.

Skarratt, PA, et al. "Looming motion primes the visuomotor system." *Journal of Experimental Psychology: Human Perception and Performance* 40, 2 (2014): 566–579.

Sklar, AY, et al. "Reading and doing arithmetic nonconsciously." *PNAS* 109, 48 (2012): 19614–19619.

Smith, GE, et al. "A Cognitive Training Program Based on Principles of Brain Plasticity: Results from the Improvement in Memory with Plasticity-based Adaptive Cognitive Training (IMPACT) Study." *Journal of the American Geriatrics Society* 57, 4 (2009): 594–603.

Snigdha, S, et al. "Exercise enhances memory consolidation in the aging brain." *Frontiers in Aging Neuroscience* 6 (2014): 3–14.

Song, KB. *Learning for Life*. Singapore: Singapore Workforce Development Agency, 2014.

Spain, SL, et al. "A genome-wide analysis of putative functional and exonic variation associated with extremely high intelligence." *Molecular Psychiatry* 21 (2015): 1145–1151. doi:10.1038/mp.2015.108.

Spalding, KL, et al. "Dynamics of hippocampal neurogenesis in adult humans." *Cell* 153, 6 (2013): 1219–1227.

Specter, M. "Rethinking the brain: How the songs of canaries upset a fundamental principle of science." *New Yorker*, July 23, 2001, http://www.michaelspecter.com/wp-content/uploads/brain.pdf.

Stoet, G, and DC Geary. "Sex differences in academic achievement are not related to political, economic, or social equality." *Intelligence* 48 (2015): 137–151.

Sweller, J, et al. *Cognitive Load Theory: Explorations in the Learning Sciences, Instructional Systems and Performance Technologies*. New York: Springer, 2011.

Takeuchi, H, et al. "The association between resting functional connectivity and creativity." *Cerebral Cortex* 22, 12 (2012): 2921–2929.

———. "Failing to deactivate: The association between brain activity during a working memory task and creativity." *NeuroImage* 55, 2 (2011): 681–687.

———. "Working memory training improves emotional states of healthy individuals." *Frontiers in Systems Neuroscience* 8 (2014): 200.

Tambini, A, et al. "Enhanced brain correlations during rest are related to memory for recent experiences." *Neuron* 65, 2 (2010): 280–290.

Teasdale, TW, and DR Owen. "Secular declines in cognitive test scores: A reversal of the Flynn effect." *Intelligence* 36, 2 (2008): 121–126.

Thompson, WF, et al. "Fast and loud background music disrupts reading comprehension." *Psychology of Music* 40, 6 (2012): 700–708.

Tough, P. *How Children Succeed*. Boston: Houghton Mifflin Harcourt, 2012.

Trahan, L, et al. "The Flynn effect: A meta-analysis." *Psychological Bulletin* 140, 5 (2014): 1332–1360.

Tschang, C-C, et al. "50 startups, five days, one bootcamp to change the world." MIT News, August 29, 2014. https://news.mit.edu/2014/50-startups-five-days-one-bootcamp-change-world-0829.

Tupy, ML. "Singapore: The power of economic freedom," Cato Institute, November 24, 2015. http://www.cato.org/blog/singapore-power-economic-freedom.

Vanny, P, and J Moon. "Physiological and psychological effects of testosterone on sport performance: A critical review of literature." *Sport Journal*, June 29, 2015. http://thesportjournal.org/article/physiological-and-psychological-effects-of-testosterone-on-sport-performance-a-critical-review-of-literature/.

Venkatraman, A. "Lack of coding skills may lead to skills shortage in Europe." *Computer Weekly*, July 30, 2014. http://www.computerweekly.com/news/2240225794/Lack-of-coding-skills-may-lead-to-severe-shortage-of-ICT-pros-in-Europe-by-2020-warns-EC.

Vidoni, ED, et al. "Dose-response of aerobic exercise on cognition: A community-based, pilot randomized controlled trial." *PloS One* 10, 7 (2015): e0131647.

Vilà, C, et al. "Widespread origins of domestic horse lineages." *Science* 291, 5503 (2001): 474–477.

Vredeveldt, A, et al. "Eye closure helps memory by reducing cognitive load and enhancing visualisation." *Memory & Cognition* 39, 7 (2011): 1253–1263.

Wager, TD, and LY Atlas. "The neuroscience of placebo effects: Connecting context, learning and health." *Nature Reviews Neuroscience* 16, 7 (2015): 403–418.

Waitzkin, J. *The Art of Learning*. New York: Free Press, 2008.

Wammes, JD, et al. "The drawing effect: Evidence for reliable and robust memory benefits in free recall." *Quarterly Journal of Experimental Psychology* 69, 9 (2016): 1752–1776.

Watanabe, M. "Training math athletes in Japanese jukus." *Juku*, October 21, 2015. http://jukuyobiko.blogspot.jp/2015/10/training-math-athletes-in-japanese-jukus.html.

White, HA, and P Shah. "Uninhibited imaginations: Creativity in adults with attention-deficit/hyperactivity disorder." *Personality and Individual Differences* 40, 6 (2006): 1121–1131.

White, KG, et al. "A note on the chronometric analysis of cognitive ability: Antarctic effects." *New Zealand Journal of Psychology* 12 (1983): 36–40.

Whitehouse, AJ, et al. "Sex-specific associations between umbilical cord blood testosterone levels and language delay in early childhood." *Journal of Child Psychology and Psychiatry* 53, 7 (2012): 726–734.

Wilson, T. *Redirect*. New York: Little, Brown and Company, 2011.

Yang, G, et al. "Sleep promotes branch-specific formation of dendritic spines after learning." *Science* 344, 6188 (2014): 1173–1178.

Zatorre, RJ, et al. "Plasticity in gray and white: Neuroimaging changes in brain structure during learning." *Nature Neuroscience* 15, 4 (2012): 528–536.

Zhang, J., and X Fu. "Background music matters: Why strategy video game increased cognitive control." *Journal of Biomusical Engineering* 3, 105 (2014): doi:10.4172/2090-2719.1000105.

Zhao, Y. *Who's Afraid of the Big Bad Dragon*. San Francisco: Jossey-Bass, 2014.

Zhou, DF, et al. "Prevalence of dementia in rural China: Impact of age, gender and education." *Acta Neurologica Scandinavica* 114, 4 (2006): 273–280.

Zittrain, J. "Are trolls just playing a different game than the rest of us?" *Big Think*, April 3, 2015. http://bigthink.com/videos/dont-feed-the-trolls.

Zull, JE. *The Art of Changing the Brain*. Sterling, VA: Stylus Publishing, 2002.

注　　释

第 1 章

1. Dweck，2006。

第 2 章

1. Deardorff，2015。
2. Deardorff，2015。参见 Cotman，et al.，2007; Moon，et al.，2016。
3. Snigdha，et al.，2014。
4. Vidoni，et al.，2015。

第 3 章

1. Gwynne，2011。
2. Mims，2015；Venkatraman，2014。
3. Ericsson and Pool，2016。
4. Yang，2014。
5. Oakley，"How we should be teaching math，"2014; Rittle-Johnson，et al.，2015。
6. 诺贝尔奖得主的传记和自传中往往会讲述很多关于新思想和新方法受到抵制的故事。例如，参见 Ramon y Cajal，1989; Keller，1984;

Prusiner，2014; Marshall and Warren，2005。科学界领袖也曾抵制过神经发生的观点，关于这一点的出色评述见 Specter，2001。

7. Kuhn，1962(1970，2nd ed.)，144。

第 4 章

1. 塔妮娅的游戏是 Tazlure.nl（幻想）以及一个 17 世纪英格兰宫廷历史游戏。塔妮娅让我不要公布后者的网址，因为注册人数受限，但是这个复杂巧妙的游戏从第一页开始就会让你欲罢不能。
2. de Bie，2013 年。学术界对“水军”知之甚少，对于这种无知状态的学术导向研究见 Zittrain，2015。关于黑暗的“水军”世界的精彩讨论见 Ronson，2015。
3. Stoet and Geary，2015；Whitehouse，et al.，2012。
4. 这些图像旨在对一些关键理念提供比喻性的阐释，相关理念见 Stoet and Geary，2015，以及 Whitehouse，et al.，2012。
5. Vanny and Moon，2015。

第 5 章

1. 在五年时间里，我在密歇根州庞蒂亚克市内城学区的一些小学做志愿者，亲身体验了在典型的弱势学区中学生们所遭遇的境况（Oakley，et al.，2005 ）。
2. 2016 年 5 月 12 日，我在玛丽 – 兰德的林提丘姆高地（Linthicum Heights）与扎克的母亲斯蒂芬妮·卡塞雷斯（Stephanie Caceres）一起喝了一次茶。
3. McCord，2002。
4. Dishion，et al.,1999，760。
5. Powers and Witmer，1972。见第 29 章。
6. McCord，1981；McCord，1978。
7. 同上。
8. Rittle-Johnson，et al.，2015。

9. Guida，et al.，2013。
10. Pachman，et al.，2013。
11. Caceres，2015。
12. McCord,1978。
13. 2016 年 6 月，与杰夫 · 萨伊尔 - 麦考德的电子邮件通信。
14. Martin，2004。
15. Wilson，2011。
16. Duckworth，2016。
17. Eisenberger，1992。
18. Oakley，2013；Wilson，2011。
19. Fendler，2012。
20. Tough，2012。

第 6 章

1. Song，2014。
2. 贸易经济，“新加坡失业率，1986～2016 年”。http://www.tradingeconomics.com/singapore/unemployment-rate。
3. Tupy，2015。
4. 国家教育统计中心，“数学能力：平均分数”。https://nces.ed.gov/surveys/pisa/pisa2012/pisa2012highlights_3a.asp，引用自“经济合作与发展组织”（OECD）国际学生评估计划（PISA），2012 年。
5. Hanft，2016。
6. Shin，2013。
7. 俄勒冈大学首位校长讲席教授赵勇在谈论国内教育时指出：“中国学生非常擅长明确的问题。也就是说，只要他们知道自己需要做什么来满足期望，并且有榜样去遵循，他们就能做得很好。但是当情况不太明确，没有常规和公式可循时，他们就会感到困难重重，换句话说，他们擅长用可预测的方式解决既有的问题，但不擅长提出激进的新解决方案或是发现新的需要解决的问题。”（Zhao，2014，133～134）赵教授还在第 8 章“皇帝的新装”（The Naked Emperor）中对 PISA 测试问题进行了长篇幅的讨论。

8. Channel NewsAsia，2015。

第 7 章

1. Wammes，et al.，2016。
2. Sklar，etal.，2012。
3. Bellos，"World's fastest number game"，2012。
4. Watanabe，2015。参见 "Begin Japanology-Abacus"，https://www.youtube.com/watch?v=zMhcr-d6bw。
5. Bellos，"Abacus adds up"，2012。
6. Frank and Barner，2012。
7. Guida，et al.，2013。
8. Ericsson and Pool，2016。
9. Arsalidou，et al.，2013; Sweller，et al.，2011。
10. Guida，et al.，2013。
11. 参见第 5 章，Khoo，2011。
12. Steve Jobs 于 2005 年 6 月 12 日在斯坦福大学发表的毕业典礼致辞，http://news.stanford.edu/2005/06/14/jobs-061505/。
13. Buhle，et al.，2014.
14. “专注模式”在文献中常被称为“任务积极模式”（task positive）。见 Di and Biswal，2014; Fox，et al.，2005。
15. 在众多神经休憩状态中，被研究最多的当然是“默认模式神经网络”（default mode network）。Moussa，et al.，2012。
16. Beaty，et al.，2014。
17. Nakano，et al.，2012。
18. Waitzkin,2008,159。

19. Tambini，et al.，2010；Immordino-Yang，et al.，2012。
20. Brewer，et al.，2011；Garrison，et al.，2015。
21. Immordino-Yang，et al.，2012。
22. 关于最近发现成果范围的抽样，见 Garrison，et al.，2015，其与以下研究截然相反：Jang，et al.，2011。很明显，这是一个复杂的领域，会产生不同的效果。关于冥想技术的出色概述，描述哪些是开放监控型，哪些是注意力集中型，见 Dienstmann，2015。另见 Kaufman and Gregoire，2015，110～120；Goyal，et al.，2014；Grossman，et al.，2004。
23. Sedivy，2015。
24. Ackerman，et al.，2005；Conway，et al.，2003。
25. DeCaro，et al.，2015。
26. Lv，2015；Takeuchi，et al.，2012；White and Shah，2006。
27. Patros，et al.，2015；Rapport，et al.，2009。
28. Simonton，2004。
29. 见 Ellis，et al.，2003。他写道："和蔼可亲的团队成员，根据定义是顺从而彼此尊重的，为了避免争论，他们可能更容易不加批判地接受团队成员的意见。"
30. Melby-Lervag and Hulme，2013。
31. Smith，et al.，2015。正如相关研究显示的那样，有大约 4% 的增长似乎是持久的。这里有一份关于 Brain-HQ 记忆相关程序的最新研究出版物列表：http: //www.brainhq.com/world-class-science/published-research/memory。
32. Takeuchi，et al.，2014。
33. 一个在亚洲待过很久的美国人告诉我："我感觉人们甚至不想上大学，除非那是一所顶尖的学校。在美国，人们通常会申请后备学校，如果没能进入他们梦想中的学校，就上后备学校。在亚洲，如果学生没有考上梦想中的学校，他们往往会花一年或几年时间，准备再次参加考试。入学决定更多地取决于他们参加的一系列入学考试，而不是像在典型的美国大学申请流程中，SAT 分数只代表你整体能力的一部分。社会上有专为这类学生设立的全日制和非全日制的备考学校。韩国甚至有一个词语专门用来指代这些学生——“复读生”（jaesuseng）。你经常在电视上看到真人秀类的节目，内容是关于那些已经第四次或第五次重新考试的孩子。他们最终会考上吗？他们会放弃吗？都是关于这些事情的。这是一种真正的文化现象。次等的学校当然也有人上，我认为有些人真的对此感到难为情。而且每当你看到媒体或学术界讨论这个话题时，感觉就好像这些次等学校根本就不存在。它们从来没有被谈论过。人们总是认为，顶尖学校的竞争太过激烈，助长了不健康的中小学文化。仅仅是接受过大学教育，这本身似乎并不足以让人获得尊重。我对此没有更好的表述方式，总之社会需要对平均水平有更大的包容性。学历在工作场所也有深远的影响。在美国，如果我要申请一份工作，我会首先列出我的工作经验，其次是学历。但在亚洲，我会把我的斯坦福学位列在正前方。”

第 8 章

1. 对特伦斯·谢诺夫斯基过往经历的描述是基于他和妻子比阿特丽斯·戈洛姆接受的一次采访。该采访日期为 2015 年 7 月 26 日，地点为加利福尼亚的拉荷亚市。
2. Davis，2015。
3. 艾伦·盖普林在新泽西州普林斯顿于 2016 年 3 月 5 日接受的采访。
4. *Cognitive Science Online*，2008。
5. 同上。
6. Golomb and Evans，2008。
7. Maren，et al.，2013。
8. Benedetti，et al.，2006。
9. Wager and Atlas，2015。

10. Schafer, et al., 2015. Petrovic, et al., 2005 指出：“安慰剂已显示出对学习效果的重要依赖性。”
11. Crum, et al., 2011。
12. Schedlowski and Pacheco-López, 2010。
13. Petrovic, et al., 2005。
14. Crick, 2008, 6。
15. Bavelier, et al., 2010; Dye, et al., “The development of attention skills in action video game players,” 2009; Dye, et al., “Increasing speed of processing with action video games,” 2009; Green and Bavelier, 2015; Li, et al., 2009。为了更好地理解本节的讨论，请参阅这些作者及相关作者的许多早期研究。
16. Bavelier, et al., 2012。
17. Howard and Holcombe, 2010; Lv, et al., 2015; Rossini, 2014; Skarratt, et al., 2014。
18. Bavelier, 2012。
19. Anguera, et al., 2013。
20. Gazzaley, 2014。
21. 人们更常把 β 波跟注意力集中联系在一起。关于这一点，加扎利博士指出：“我们在这里观测到的 θ 波在某事件的持续过程中是稳定的。比如在《神经赛车手》游戏里，在驾驶时出现某种信号前，θ 波都是稳定的，当信号出现后才激增。这种类型的 θ 波与注意力的集中有关。它与在更紧张的状态下产生的 θ 波有所不同。”（给本书作者的电子邮件，2016 年 6 月 2 日。）
22. Gazzaley, 2014。
23. Merzenich, 2013, 197。
24. Posit 科技公司持有一份支持其疗法功效声明的科学研究清单：http://www.brainhq.com/world-class-science/published-research。
25. Spalding, et al., 2013。
26. 同上。

27. Kheirbek，et al.，2012。
28. 同上。
29. Katz and Rubin，2014。
30. Antoniou，et al.，2013。
31. Pogrund，1990，303。
32. 见 White，et al.，1983。我丈夫菲利普曾在南极洲埃尔斯沃思地处偏远的赛普尔考察站和一个八人考察队在与世隔绝的状态中待了一年，他亲身感受到了这一点。
33. De Vriendt，et al.，2012。
34. Bailey and Sims，2014。
35. Bavishi，et al.，2016。
36. Zhou，et al.，2006。
37. Bennett，et al.，2006。
38. Davis，2015。

第 9 章

1. 普林西斯的故事是基于她的回忆，她在 2016 年 5 月至 7 月给我的电子邮件中讲述了这些事情。
2. Clance and Imes,1978。
3. Bloise and Johnson，2007；Derntl，et al.，2010；Montagne，et al.，2005。
4. Sapienza，et al.，2009；Mazur and Booth，1998；Giammanco，et al.，2005。
5. Ramon y Cajal，1937 (reprint 1989)。
6. Burton，2008。

第 10 章

1. DiMillo，2003。这些关于阿尔尼姆·罗迪克及其经历的描述来自于

2016年5月和6月期间Arnim向我提供的电子邮件采访记录和随笔。

2. 关于“反神童”的讨论，见Ericsson and Pool，2016，222～225。Ericsson指出，对于一些看似没有天赋的人来说，通常是一些早年遇到的权威人士说服他们相信这一点的。他认为，真正的音盲是非常罕见的。另一方面，很明显，有些人有一种潜在的神经结构，这会使他们难以学会某些东西。例如，在Finn，et al.，2014中提到：“与‘未受损’读者比较，‘阅读障碍’读者在视觉通路内以及视觉联想区和前额叶注意区之间显示出相异的连通性……”阿尔尼姆的阅读障碍是否与他在音乐方面的困难有关？事实上，研究人员发现，那些有阅读障碍的人往往具有影响其音乐能力的节奏感缺陷（Overy，2003年）。对于阿尔尼姆而言，音乐权威人士的做法（即接受他在音乐方面的表面的无能，并找到替代方法绕过障碍）与数学权威人士的做法（正面应对数学以增强他的能力）正好相反，将阿尔尼姆对二者的反应进行对照是很有意思的。我个人的观点是，无论基础神经结构的起源是什么，即使它们可能使学习变得更困难，但只要学习者能找到一条突破心理障碍的道路，那么那些不同的神经结构就能帮助他们获得一种不同的、更深刻的、更富有创造性的理解。
3. Mehta，et al.，2012；O’Connor，2013。
4. Einother and Giesbrecht，2013；Lieberman，et al.，2002。当我们处于思维模式中时（希望它能占据相当长的一段时间），所有的脑电波频率都存在，但通常只有一个频率带占主导地位，这取决于我们的意识状态。有趣的是，ADHD与波长较长的频率带的更频繁活动有关，如α波和θ波，而集中的注意力与较高的β波频率关系更密切。
5. Choi，et al.，2014；Doherty-Sneddon and Phelps，2005。
6. Vredeveldt，et al.，2011。
7. Cooke and Bliss，2003；Davies，et al.，2011；Spain，et al.，2015；Mondadori，et al.，2007。卓越的记忆是一个强有力的工具，有助于将人们提升到最高领导地位。见Oakley，2007，310～314。

8. 对于两种不同模式（即一种模式通常是活跃的，而另一种则是静止的）的阴阳运行的精彩讨论见 Sinanaj，et al.，2015。
9. De Luca，et al.，2006。
10. Kuhn，et al.，2014；Takeuchi，et al.，2011。
11. Gruber，1981。Horovitz，et al.，2009 中指出，在浅睡眠期间，默认模式神经网络的连接性也持续存在："由于自我观照的思想不会戛然而止，而是会随着一个人入睡而逐渐减少，直至睡眠的最深阶段才会消失，因此我们可以预期这种持续性的存在。"
12. Buckner，et al.，2008；O'Connor，2013。
13. Sinanaj，et al.，2015。
14. Patston and Tippett，2011；Thompson，et al.，2012；Chou，2010。视频游戏设计者充分利用了这样一个事实，即当游戏玩家要在复杂的情况下制订下一步行动策略时，加一点背景音乐似乎可以帮助他们更好地集中注意力（"主动控制"），而同样的音乐在只需做出简单反应的情况下则会分散注意力（"被动控制"）(Zhang and Fu，2014)。
15. Shih，et al.，2012。
16. Huang and Shih，2011；Mori，et al.，2014。
17. 阿尔尼姆的网站地址：www.shamawood. com。不过，友情提示，他的作品供不应求！

第 11 章

1. 本章中提及的人物皆于 2016 年 4 月至 7 月间通过邮件接受采访。
2. http://davidventuri.com/blog/my-data-science-masters。
3. 可登录 http://www.brianbrookshire.com/online-biology-curriculum/ 跟进布赖恩的学习进展。
4. 应受访者要求，文中采用化名。
5. 目标考试辅导公司网址：https://gmat.targettestprep.com/。
6. 罗尼在自己的学习过程中采用了"计划 – 实施 – 检查 – 调整"的过

程改进方法。这一方法（PDCA）由现代质量管理之父爱德华·戴明（Edwards Deming）首先提出（Deming，1986）。

7. 关于看电视的被动性及其对学习的影响，见 Zull，第 3 章。有趣的是，尽管人们一直在强调主动学习，同时主动学习已被证实在课堂上的作用至关重要（Freeman，et al.，2014; Oakley，et al.，“Turning student groups into effective teams”，2003），神经影像研究中关于主动学习与被动学习间差别的研究与发现少之又少。事实上，尽管学习会怎样影响大脑无疑是一个热门研究话题，但相关研究还处在起步阶段（Zatorre，et al.，2012）。
8. Biggs, et al., 2001，这是一次有趣的尝试，试图辨别学生是在进行“深度”学习还是在进行“浅层”学习。

第 12 章

1. 见 Markoff，2015，其中记录了，在 2014 年 8 月 1 日至 2015 年 12 月期间，“学会如何学习”共有 1 192 697 名注册学生。相比之下，在大约 2012 年至 2015 年 6 月期间，HarvardX 有超过 60 个开放课程和模块，超过 17 门校园课程，超过 7 门 SPOC（小型私人在线课程），拥有 90 名哈佛教师和 225 名其他工作人员，总共包括超过 300 万次课程注册（HarvardX，2015 年）。换句话说，在三年的时间内，哈佛的慕课及其他在线课程的所有 84 门课程每月招收约 83 300 名学生，而“学会如何学习”紧随其后，自从推出以后，在最初的 17 个月内每月注册人数为 70 200 名。对于一门在地下室里制作的新兴小课程来说，这个数字并不少！
2. 为了制作“学会如何学习”慕课课程，我们最初用了大约 4 个月非全天的时间来建立工作室，学习如何编辑视频，并制作了最初几个被丢弃的惨不忍睹的视频，然后又花了 3 个月全天候的时间撰写脚本、拍摄，以及编辑，通常一天工作 14 个小时，同时开发小测验问题和评估题。

我建议尽可能使用绿幕，因为它能极大地方便你添加动感画面。你可以来回展示你的“天才授课者”，从全身画面到特写。这可以激活任何层面的注意力机制。(关于在保持注意力方面的神经科学背景知识，见Oakley，2015，尤其是 Oakley，et al.，2016。)

以下是一些关于慕课课程制作时应该做什么和不应该做什么的特别提示。

- 使用高速快门，差不多是 80。这样可以防止绿幕上模糊的绿色从你的手指缝间透露出来。
- 对于绿幕，设置工作室照明时使用四盏灯而不是三盏灯。这样你就能使用必要的、较高的快门速度，以防从你的指缝间露出来模糊的绿影，如上所述。
- 在使用绿幕时，请小心设置焦距。使用放大镜来聚焦可能位于授课者眼睛侧面的皱纹（除非授课者的年龄只有两岁）可以做到正确聚焦。每当你从摄像机前走开时，请重新检查焦距，它很容易就会变模糊。
- 你可能有一个夹在衣领上的领夹式话筒。在衣领上要夹话筒的地方直接绕一小圈电线，将话筒同时夹住线圈和衣领。这样可以减轻电线的机械张力。如果你不这么做，就会产生各种杂音，即使可以在后期制作中消除，那也是极其麻烦的。
- 如果在你的第一部视频中你看起来像是正站在一个行刑队前面，也不必担心。这是很正常的，一旦你开始厌倦了站在摄像机前，这种情况就会消失。(如果你第一次站在摄像机前一点儿都不紧张的话，我倒要好奇你的黑尔病态人格量表的得分是多少了。)
- 编辑自己的视频似乎是一项最好留给别人去做的工作。但你至少要学会适度地视频编辑，这一能力是很重要的。面对各种可能性，你会更有创造力。如果你在镜头前感到紧张，那么编辑你自己的镜头就格外有帮助。首先，你会特别吹毛求疵，这看起来就像是一个反向治疗的练习。但过上一段时间，你就会开始意识到——比如说，当你看电视新闻时，即使是专业人士也会犯同样的“错误”，而你却为这样的“错误”批评自己。编辑自己的视频有助于消除过分关注自己长相的心理，因为过段时间，你就会厌倦这种吹毛求疵。

- 当心，当你紧张的时候，你的声音会越来越高、越来越尖。由于女性的声音起点就比较尖锐，如果她们不小心的话，她们的声音最终会变得像花栗鼠一样令人不快。无论你是男人还是女人，除非你碰巧天生拥有约翰尼·卡什（Johnny Cash）的嗓音，不然你就或许需要练习用更深沉的声音说话。
- 不要穿白色的胸罩，因为它会从你的上衣中显露出来——永远要穿米色的。（如果你不穿胸罩的话，就别操这个心了。）顺便说一下，珍珠固然看起来很漂亮，但它们也容易撞到麦克风，发出烦人的声音，所以最好不要戴它们。
- 我使用提词器，而且只要我说错了，不管是在哪里说错的，哪怕是在结尾处，我都很想回到5分钟剧本的开头重新说一遍。千万不要这样做。不管怎样，你最终都需要进行剪辑、增加动感画面。所以，你只需要回到句子、段落或思维链的开头，重说一遍即可。

3. Jaschik，2013。
4. Ambady and Rosenthal，1993。
5. 有些人喜欢使用剧本，有些人喜欢使用提词器。大多数讲师在进行即席演讲时，不可避免地会在某些地方犹豫。但是，使用脚本的缺点在于，脚本很容易被写成一种学究式的东西，让人听了直想打盹。更糟糕的是，一些教授在使用提词器时，说话时一字一顿，毫无起伏。
6. Lyons and Beilock，2012。
7. Amir，et al.，2013。
8. Chan and Lavallee，2015。
9. Hackathorn，et al.，2012。
10. 有关“我们有太多内容要涵盖”这种想法的错误性质的详细讨论，特别是有关STEM教学的，见Felder and Brent，2016。

11. 关于幽默妨碍学习最常被引用的研究是 Harp and Mayer，1998。然而，有趣的是，这些只涉及书面材料，而非现场教师或视频的“活生生的”教学。具有讽刺意味的是，这项研究的共同作者理查德·梅耶（Richard Mayer），是你能找到的最诙谐的演讲者之一。
12. Rossini，2014；Skarratt，et al.，2014。
13. Oakley，et al.，2016；Oakley and Sejnowski，2016；Rossini，2014；Skarratt，et al.，2014。
14. Anderson，2014。在学习中，隐喻是非常棒、非常重要的，见 Oakley，2014，第 11 章；Oakley，et al.，2016；Oakley and Sejnowski，与嵌入的参考文献一同提交。
15. Keller，1984。
16. Isaacson，2015。
17. Sane，2016。
18. Tschang，et al.，2014。
19. Trahan，et al.，2014。要了解更近期的水准测量或下降情况，见 Menie，et al.，2015，以及 Teasdale and Owen，2008。
20. Duckworth，2016，84。
21. Duarte，2012。

第 13 章

1. 露易丝和斯派克斯的名字经双方同意都被改变了，关于他们目前共同生活的各种细节也被改变了。关于斯派克斯与露易丝相识前的幼年岁月的描述都是虚构的，不过这些描述都是基于对我所认识的人和马的描述。作为一名专门治疗牛马的兽医的女儿，我是在马群中长大的。也许值得一提的是，几十年前，我和我的朋友们创造了一款很受欢迎的、长期畅销的关于马匹的教育棋盘游戏，叫作《牧马》（*Herd Your Horses*）。这种爱好也许是遗传自我的外公克拉伦斯·C. 普利特恰德（Clarence C. Pritchard），他是一名牧场主，也是新墨西哥州罗斯韦尔一带著名的“马语者”。

我本人在露易丝家和她的马厩里跟她以及斯派克斯共度了一段时间，我可以证明，斯派克斯是一匹神奇的马，它能够完成本章中所描述的各种活动。

2. 有证据表明，与现代马非常相似的动物已经存在了大约 30 万年（Jansen，et al.，2002）。

3. Vila，et al.，2001。

4. Friedman，2014。

5. Kojima，et al.，2009；Lu，et al.，2012；Mantini，et al.，2011。

6. Cover，1993。

推荐阅读

故事板是一种视觉表达工具，
帮助你将碎片化的信息整合成完整的故事，
创作吸引人的演讲，实现与他人有效沟通；

4 个步骤、10 个工具帮助你探索创意、厘清思路、
视觉化呈现，颠覆刻板的思维模式，重塑和提升表达能力